U0121505

大展好書  好書大展

大展好書 好書大展

家庭醫學保健

2

初為人父育兒寶典

小瀧周曹 著

劉 小 惠 譯

序　言——「覺悟吧！」

本書是為即將成為爸爸的男性，解說妊娠前↓妊娠↓生產↓育兒的各種情況。即使到現在你可能沒有聽人說過，就算聽過你也會懷疑「真的是如此嗎？」本書將一一解說這些疑問。從「好像懷孕了」的這一天開始，

「我的生活逐漸產生變化，現在……，

妻子不再做飯了，

不准我抽煙，

如果佯裝不知，妻子會說：『你好冷淡呀！』」

如果雙方稍微有點爭執，周圍眾人的同情心，絕對是聚集在即將為人母的妻子身上。

好煩呀！

是我們一起製造的孩子耶！

必須一起把他生下來，一起養大他。

男人也應該有男人的育兒方法。

——男人呀，現在你應該覺悟自己成為『父親』了。

目錄

第二章 等待生產——生產前後的二週內

第三章　育兒基本篇

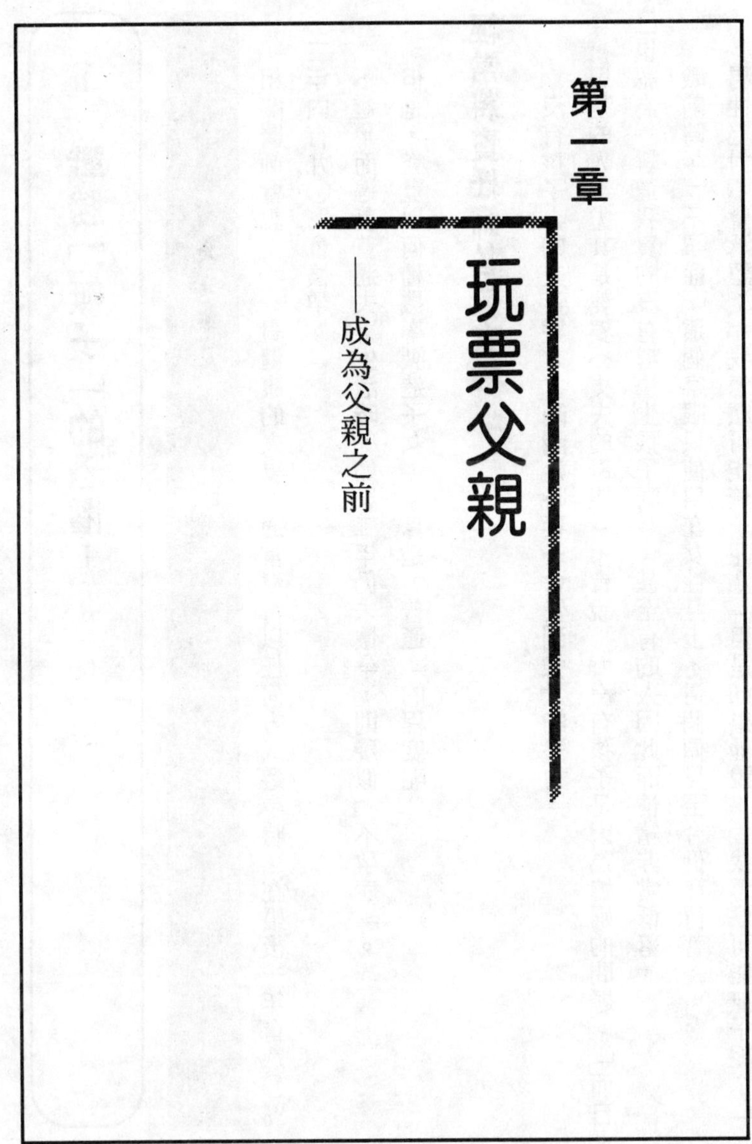

第一章

玩票父親

——成為父親之前

1 戰勝「無子」的恐懼！

■希望成為爸爸的你……

相關醫師會說：「一對健康的夫妻，通常沒有以任何方式避孕時，在婚後一年有八〇%，二年內有九〇%會懷孕。」

不避孕而過著普通夫妻生活時，如果二年仍未懷孕，則疑似「不孕症」。

但是，究竟以何種機率製造子女，才算是「普通」的程度呢？

經常將責任歸咎於女性

「沒有孩子」的夫妻雙方，剛開始時妻子會受到強大的壓力。

周圍的人，尤其是婆婆（丈夫的母親），會說：「沒有孩子是因為媳婦的問題。」而自己也認為「難道我真的沒有辦法生孩子嗎？」甚至有的人因此而情緒非常低落。

戰前時，「不孕症」這個字眼只使用在女性身上，這個偏見至今仍存留著。

男性絕對不會承認：「我怎麼可能無子呢？」但是如果他說：「我怎麼可能無子呢？」

或說：「孩子算什麼？不要急嘛，不用擔心。」如果這樣地安慰妻子，則可能不孕症的原因就在對方身上了。

古往今來，先到婦產科接受檢查的都是女性。

如果「原因出在你身上」

聆聽檢查結果後，妻子會回家向丈夫說明。可能由於從壓力中解放了，身心都非常開朗。

「醫生說我呀……，很正常呢！」

事實上，不孕症的原因，四〇%出在男性身上。女性方面的原因占四〇%，剩下的二〇%則是男女雙方的原因。

此外，還有資料顯示，「原因在丈夫的有三成，在妻子的有三成，夫妻雙方的原因也有三成，剩下的一成原因不明。」

所以，男性「不孕症」絕不是罕見的例子。

而大部份的男性說：「但是，但是……我是普通狀態呀！」會提出反駁的理論。並沒有特別小，而且也不是陽痿的情況。

男性的不孕症，與陰莖的尺寸和勃起力無關。像尚未插入就射精的人為早洩，和勃起在五〇㎜以下的人，才不容易「命中」。

附帶一提，國人平均尺寸平時為七五～八六㎜，粗細為七六～八三㎜。特殊期長度為一一〇～一二五㎜，粗細為一〇五～一一五㎜。

如果屬於「假性」包莖，對於妊娠的能力沒有影響。

睪丸非常小或較輕時，當然精子量會產生問題。該如何測量睪丸的容量和重量呢？光用「眼睛」觀察外生殖器，是不可能分辨不孕症的。

「適度的性行為」是一週幾次？

夫妻接受過各種檢查，也進行必要的治療，照理說應該有孩子，可是卻仍然無法懷孕的情形，現代醫學視為「原因不明」的例子。

以下探討「次數」的問題。俗話說：「即使射不中，多射幾發炮彈總會擊中目標。」但是，重點不在於次數，而在於機率。一旦射精後，在二～三天內精子量會減少或沒有元氣。希望懷孕時，就必須注意次數的問題。只要在妻子的排卵日（月經規則的女性可以預測到某種程度），及其前一天進行就可以了。

但並不是說其他日子必須禁慾。「適度」的射精，能夠調整睪丸製造精子的規律，能夠釋放出新鮮、充滿活力的精子。二十幾歲、三十幾歲的男性，在「事後二～三天」再加上二～三天，亦即四～六天進行一次性行為，才是「適度」的性行為。

男性不孕症檢查與治療的實態

不孕症的檢查，最好一開始就由夫妻雙方共同進行。

愈早做出決斷愈好。妊娠能力會隨著年齡的增加而降低。所以要配合女性的排卵週期進行檢查。尤其女性的診察需歷時二～三個月。治療則可能要花數年。

選擇何種醫院

不孕症的檢查與治療，要找婦產科。街頭巷尾充斥掛著「不孕症門診」招牌的醫院，此外，還有積極進行不孕症治療的開業醫師。

「看來這家醫院好像比較好喔！」這類知識大都是妻子藉由口耳相傳或女性雜誌而收集的資訊，因此，最好由妻子選擇醫院。

不過，報章雜誌上刊登的大都是大都市的醫院。住在鄉下地方者，看一次門診可能需要請假二～三天。並不是在大衆傳播媒體登場的就一定是名醫。可在其附近地區找尋好的醫師，最好是離工作場所和住家較近的，進行門診時較便利。

事先確認不孕症的檢查或協談，是否符合健康保險。此外，依治療法不同，有時不適用保險。事先在費用方面詢問清楚，無法做到這一點，就不能安心地接受治療。

「是否要先調整體調」再前去呢?

男性的檢查通常只進行一～二次。門診加上血液、尿液檢查。以及性器的視診和觸診，有時要加上精液檢查。

精液檢查法是，醫院將燒杯交給你，請你「自行」進行。在醫院的廁所裡，靠自己的力量「採取」精子。也就是說，必須進行手淫。當然，護士也會準備一些色情書刊或錄影帶讓你看。

在「採取」樣本前，三天內必須禁慾。採取後過了二小時以上的精子也不能使用。有的醫院也同意患者在自宅採取精子後，「趕緊」送到醫院。

男性的「治療」

男性的不孕症中，經常看到的是心因性陽痿。這時就必須接受協談，或投予男性荷爾蒙加以「克服」。

如果是包莖或輸尿管、輸精管的異常，就必須接受手術治療。此外，因糖尿病等其他疾病導致不孕時，必須先治療疾病。精子數較少者(一ml中只有五〇〇〇萬以下)，需利用荷爾蒙療法、維他命療法或漢方療法等。

個人經驗談

到不孕症門診看看

S・T先生・33歲・結婚3年　服務於電機公司・妻子30歲

沒有孩子，一直認為是起因於妻子的生理不順。但是，最後還是到婦產科接受檢查——。「你最好叫丈夫一起來。」兩人一同前往診察。事先詢問工作內容及工作場所的環境、抽煙和喝酒的量等，最後問的是「過去的病歷」。

五年前在國外出差三個月，感染衣原體，罹患輸精管炎……。

當然，在婚前已經治好，所以未對妻子說明，也忘了這件事情。

如果隱瞞，也許問題就出在這上面。實在太麻煩了，還是說老實話吧！當然是在妻子面前說的。結果雖然不孕的原因在妻子，還是把個人的秘密都說出來了。接受二次精液的檢查。後來和妻子間總覺得有點「心結」。

自己去醫院

兩個人一起到醫院實在是很痛苦的事情。

護士對我說「把精子放在這裡面」

K・M先生・35歲・結婚5年 經營餐飲業・妻子26歲

檢查這一天，聽說男人都會選擇星期六。據說是配合工作，而且平常中午都已經預約了。待在候診室的當然都是女性。幾乎都是孕婦，很多都帶著孩子。

「你來這裡做什麼啊？」

這些充滿好奇心的人。我可不願意被他們看到，我可不是變態者呢！

護士叫我過去，交給我一個好像塑膠杯的容器。對我說：「把精子放在這裡面」，說明書上好像寫著「一滴也不要浪費」。

雖然拿出事先準備的色情書籍觀賞，可是在醫院的廁所裡令人覺得不舒服，有人在那兒小便，也聽到候診室傳來小孩的叫聲。

「已經三十五歲了，幹嘛還做這種事啊！」真覺得難為情。

過了三十分鐘後，「怎麼樣，還沒有好嗎？」護士邊說邊敲著門。真不知道該如何回答……。

來到不孕症門診的男性大都是三十歲以上。當然不再像高中生般的充滿活力。希望能備有專用房間。

持續接受半年門診，恢復了活力

R·O先生·29歲·結婚4年　電腦軟體公司工作·妻子33歲

精子濃度在二〇〇〇萬以下，醫師診斷為「精子減少症」。由於妻子較年長，而感到焦躁，一週到醫院門診二～三次，接受荷爾蒙注射、服用藥物。

我的公司採行自由上班制，如果是普通公司職員恐怕很難辦到。

半年後，「可以考慮人工受精法……」醫生對我這麼說。當時精子濃度為四〇〇〇萬。勃起力也提升了，「夫妻性生活圓滿」，妻子現在懷孕四個月。她一直堅持「三十五歲之前」要生孩子，終於有孩子了，可以鬆一口氣了。

醫生宣告我要減肥

T·N先生·32歲·結婚3年　服務於出版社·妻子32歲

精子的活動能力有點問題，不過是「接近正常的範圍」，妻子則是「有點貧血傾向，要注意健康」。

但是，「如果丈夫較瘦就不要緊了，不孕可能是肥胖所造成的。脂肪攝取太多時，精子

的活動能力會減退」，聽到醫生這麼說，妻子說：「喔！原來是這樣。」丈夫身高一七三公分，體重八三公斤。

不准吃消夜、晚酌。中午吃便當。因為工作的關係，晚上經常要交際應酬，結果只能喝烏龍茶……。

過了一年，抽煙量增加，而體重減輕五公斤。老實說我並不是這麼想要孩子。

妻子拼命說：「趕快減肥、減肥」，或者說：「今天是排卵日喔！」拼命催促我。我覺得有點厭煩了。

2 關於生男生女的想法

■生之前女性的力量較強

「想要男孩」、「想要女孩」，妊娠中的夫妻在預產期前就會認為「不管生男生女，只要健康活潑就可以了」。

是否可以選擇生男生女呢？如果真能這麼做，有的人想要男孩，有的人想要女孩。

XX與XY

以下簡單探討決定人類性別的性染色體。

女性的性染色體是XX雙雙成對而形成的。男性則是一個X和一個Y合成一對。所以「卵子中全都是X，精子中有X有Y」，只要記住這一點就可以了（更正確的說法是，成對的卵子XX與精子XY在受精前會個別分開，受精——結合而成對）。

當卵子（X）與精子（Y）結合的受精卵就會成為男孩；如果卵子（X）與精子（X）結合的受精卵就會成為女孩。

強力的X，軟弱的Y

Y精子（成為男孩）的力量比X精子弱。

X精子的壽命為二～三天，而Y精子的壽命只有一天。從精子時開始，就是以女性的生命力較強。

注意這個「生命力的差距」，而發明「生男生女分辨法」。

在妻子的排卵日當天或前一天進行性行為，就能得到有元氣的Y精子而生下男孩。如果在排卵日的二～三天前進行性行為，在妻子體內存活的X精子就會為你帶來女兒。

但是，這必須是妻子的性週期（排卵的週期）每月都非常規則，確實了解排卵日才能進行這種方法。

耐酸的X，耐鹼的Y

X精子耐酸，Y精子耐鹼，也就是說，妻子如果塗抹或服用鹼性藥物，生下男孩的機率就會增高。

和醫生商量，可以請醫生開錠劑或陰道藥膏等處方（就算想要女孩也不能讓妻子喝鹽酸或塗抹硫酸）。

以前希望生男孩的夫妻，會說「妻子是鹼性體質，丈夫是酸性體質較好」，因此叫妻子拼命吃蔬菜，丈夫吃肉類料理——似乎會這麼做。

不過，不但未製造出兒子來，反而使丈夫得到糖尿病和痛風的毛病。

利用遠心分離器分離精子

製造女孩的X精子比Y精子重六倍。因此，將精液放入遠心分離器中，使用沈澱的X精子就能生女孩，使用浮起的Y精子就能生男孩。這也是專家研究出來的生男生女的方法。

對於牛等家畜人工受精有效。利用這個方法的分離率為七〇%～八〇%，而且有可能使精子受損。

最近則使用「帕克爾」法，減少傷害精子的危險。有九八%的機率分離出X精子，八〇%的機率分離Y精子。

生男生女的方法或人工授精，現在可以說是利用帕克爾法最有效。

與遺傳有密切關係的疾病，則只有男性較容易發症，在現代醫學上是很難治療的一種。但是有的家庭仍有「一定要生男（女）孩」的觀念。

即使能分離出精子，如果不能巧妙受精也沒有用。只會浪費時間和金錢。如果想生女孩可以進行性行為的時間管理，以及在體位上下工夫。

■ 體位、次數與生男生女的關係

男人要硬、女人要軟

俗話說：「乾脆點，生女孩；固執點，生男孩。」

女性一旦興奮時，陰道的分泌物旺盛。這個分泌物是鹼性的。也就是說，當妻子非常滿足時，Y精子活躍，容易生男孩，反之則容易生女孩。

此外，由於Y精子的壽命較短，因此要進行深插入的射精。

有的家庭是以「第一個為女孩，第二個為男孩」的情形較多。可能是年輕時丈夫還不成熟，可能只顧到自己享樂吧！

希望得到男孩，必須要深結合，而且要採取使女性容易興奮的體位，以騎乘位或後背位較好。

相反地，想獲得女孩則採取結合較淺的體位，例如，「咦，這樣就結束啦？」的性行為較好。

這就是所謂的正常位。但是妻子只要仰躺，好像鮪魚一樣伸直腿部躺在那兒就夠了，絕對不能打直膝蓋或兩人糾纏在一起。

想生女孩時

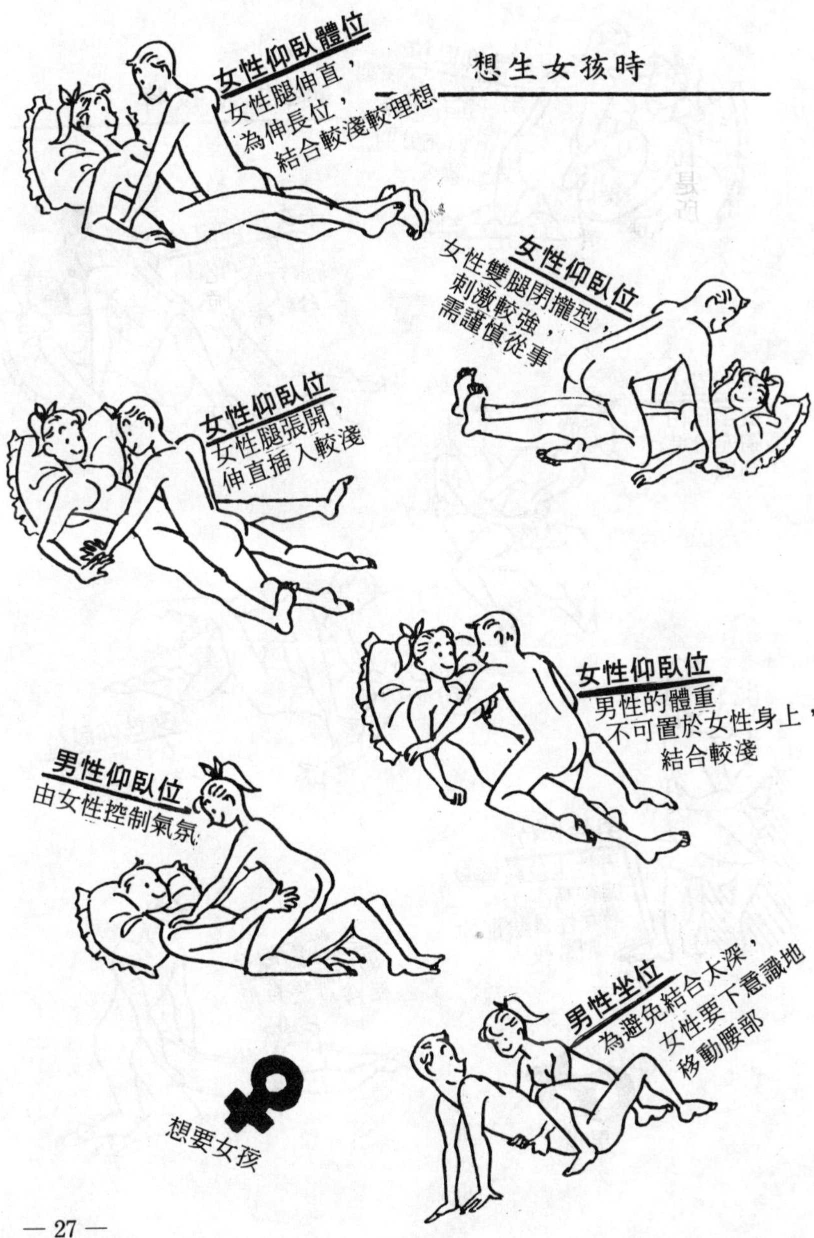
女性仰臥體位
女性腿伸直，
為伸長位，
結合較淺較理想
女性仰臥位
女性雙腿閉攏型，
刺激較強，
需謹慎從事
女性仰臥位
女性腿張開，
伸直插入較淺
女性仰臥位
男性的體重
不可置於女性身上，
結合較淺
男性仰臥位
由女性控制氣氛
男性坐位
為避免結合太深，
女性要下意識地
移動腰部
想要女孩

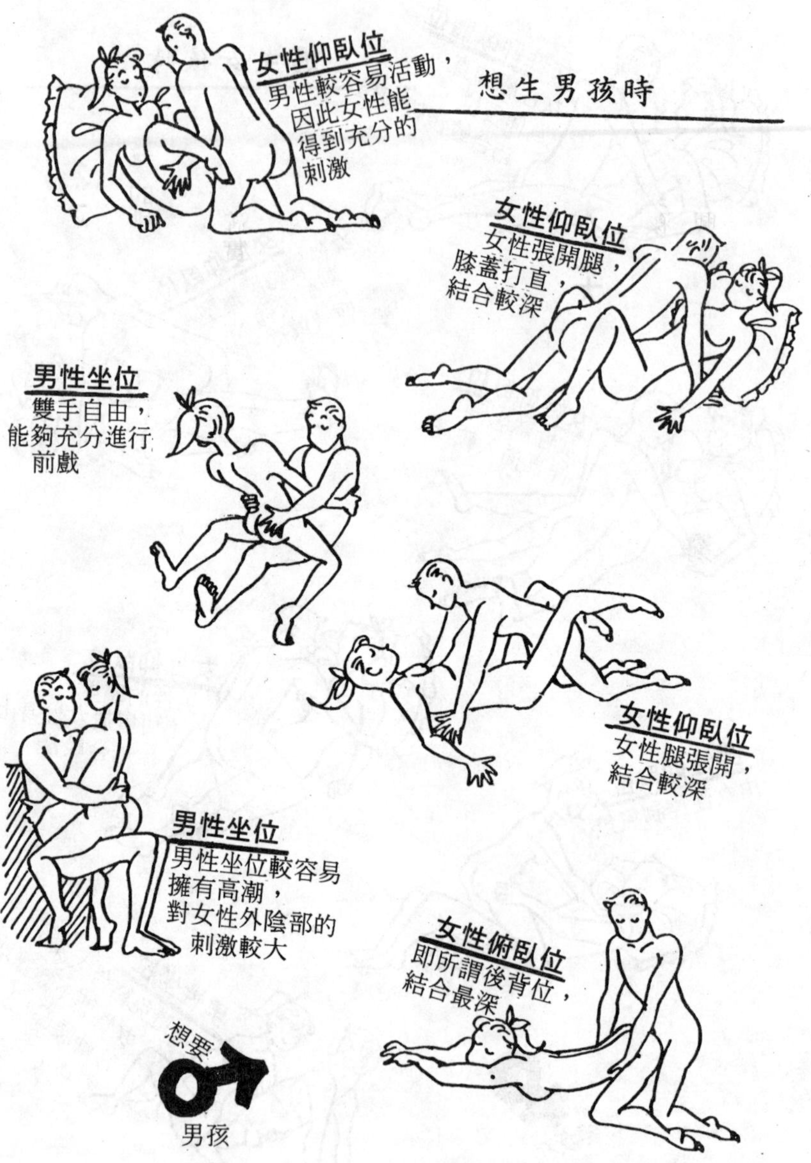
想生男孩時
女性仰臥位
男性較容易活動，
因此女性能
得到充分的
刺激
女性仰臥位
女性張開腿，
膝蓋打直，
結合較深
男性坐位
雙手自由，
能夠充分進行
前戲
女性仰臥位
女性腿張開，
結合較深
男性坐位
男性坐位較容易
擁有高潮，
對女性外陰部的
刺激較大
女性俯臥位
即所謂後背位，
結合最深
想要
男孩

「偶爾為之」生女孩，「一發決勝負」生男孩

在妻子的排卵日二～三天前進行性行為會生女孩；在排卵日當天或前一天性交則生男孩的機率較高。

妻子如果確實記錄基礎體溫表，「今天是排卵日喔！」選擇特定的一天進行性行為也可以（女性的體溫在這一天會下降）。

但是，事前要掌握「二～三天前」很困難。如果想要女孩，在預料到排卵日的一週前，偶爾進行性行為就可以了。

但是並非每天進行。因為精子數目會減少，命中率較低。要隔二～三天進行。

如果想生男孩，則在排卵日當天一發決勝負。為了在這天釋放很有元氣的精子，在推算的排卵日四～五天前就要禁慾。

吃定食、大吃大喝

想要生女孩，「沒辦法，只好盡盡夫妻的義務，進行性行為好了」，持續這樣的性行為，如果讓妻子興奮的話，在鹼性海中會使Y精子更為努力不懈。

如果希望生男孩，就必須鼓勵Y精子，盡可能達到興奮。當然，看慣的臉和身體無法再

產生興奮感，這樣可幻想一些帥哥美女。

想生女孩的性行為就好像每天的定食一樣；想生男孩的性行為則是「一頓大餐」。

了解性別

在妊娠中，何時可知道胎兒的性別呢？老朋友們會說：「如果母親的臉變溫柔就會生女孩」，但是這只是「根據經驗」的猜測而已，並沒有根據。

做超音波檢查的影像，可以確認胎兒有無「小雞雞」，通常在妊娠中期後可進行。在妊娠二十四週（俗稱「七個月」）時，由醫生的眼睛就能判別。進入二十八週（八個月）以後則能完全了解了。

事實上，如果你未問醫生「胎兒是什麼性別」時，很多醫生不會將胎兒的性別告訴父母，因為認為這是迎接胎兒出來的一大樂事。

從第十五週後，也可以取出羊水，培養胎兒的細胞，進行染色體的檢查。但是要將針從母體的腹部刺入子宮中取羊水，會導致流產的危險，所以通常不會為了性別鑑定的單純目的而進行這種方法。

個人經驗談

選擇男孩或女孩

在「管理」性行為不能夠興奮嗎？

M・A先生・32歲・長女4歲　經營工務店・妻子29歲

妻子想生個男孩。她是三個姐妹中的長女。可是我們第一個孩子是女孩，我的母親卻曾嘲笑她說：「你們家是女系家族呢！」

的確，我是長男，必須要傳宗接代——但是這已經不流行了。

仔細地測量基礎體溫，除了妻子說：「今天可以」的日子外，其他時間完全禁止性行為。如果她說：「今天一定要辦事」，則這一天一定要「燃燒激情」。

根本就不管我的欲求如何……。

次女出生已經六個月了。咦！怎麼又生個女孩。在「禁止性行為」的期間，我自己也處理過性慾——據她說性慾和精子變淡，所以還是不行——也許是這樣吧！但是我卻是瞞著她偷偷進行的。

醫生說：「是女孩喔！」

Y・W先生・27歲・長男5個月　在金融機構服務・妻子26歲

老實說我想要男孩，妻子想要女孩。妻子因「生理週期亂七八糟的，所以不知道排卵日」，也沒有測量基礎體溫。

所以，想進行性行為時就進行。

妊娠七個月時，醫生說：「是女孩喔！」妻子感到很高興，準備嬰兒用的衣物、帽子，全都是粉紅色或帶有花邊圖案的。到百貨公司時，會說「這件好漂亮呀！」、「這也好漂亮！」甚至已準備嬰兒一歲時用的衣物。

接近臨盆時，醫生說：「是男孩喔！」

現在已出生五個月了，「好可愛的小女孩呀！」別人都會這麼說。當然囉，戴著紮有粉紅色絲帶的帽子、穿著繡有紅花的衣服，的確像個女孩。

只要能生下來，男孩女孩都好

J・F先生・30歲・長男3個月　經營點心店・妻子31歲

妻子曾經流產一次，因此認為只要有一個孩子就足夠了。

希望能生個男孩。

妻子服用一些「據說會生男孩」的錠劑，我們在排卵日時也會進行性行為，進行各種「生男生女法」，一年後懷孕了。

但是，幾乎要流產了……。「男孩女孩都好」，妻子不再意是男孩或女孩了。

終於平安地生下一個男孩。妻子當然感到非常高興，但是我想，即使是女孩妻子也不會失望。

辦事的時候想著老太婆

T・S先生・34歲・長男5歲　在百貨店工作・妻子33歲

只想要二個孩子，因此希望下一胎生個女兒。

妻子從朋友處聽來「生男生女成功術」，趕緊去買來閱讀。

「不可以興奮」，這時我想到在工作場所打工的老太婆，就不會興奮了……。

想到和老太婆做愛，自己也感到很難過。

去年終於生下了女兒，但是在工作場所看到老太婆時，總覺得怪怪的，真是悲哀呀！

3 學習協助計畫生產的知識

■ 到目前為止沒有聽過的妊娠構造

如果現在想要擁有孩子，想向生男生女挑戰，同時也必須做好「○月×日生產」的生產計畫。

「四月和五月生下的孩子比出生較早的孩子更輕鬆」，或是「臨盆最好避開隆冬或盛夏時節，在初夏時節生產較好」，首先要決定生產的時期。

孩子是在「懷胎十個月又十天生下來的」，因此從希望生產日開始逆算，決定性行為的日子。

何時「妊娠」？

生產孩子的方法，從孩提時代開始我們就知道了大概，但現在知道得更為詳細了。

但是，精子和卵子會形成孩子的構造到底是怎麼回事呢？就不得而知了。「進行性行為後，如果精子和卵子巧妙相遇，在一瞬間就會妊娠，十個月後就會生下孩子」這就是我們的

想法。

相信女性們大都具有這類知識吧！

現在已經沒有學生會乖乖地接受『健康教育』這一方面的科目了。

「想生的時候就生」，這是不對的想法。為了達到計畫生產的目的，首先必須了解妊娠、生產的構造。

女性的身體

女性卵巢內的原始卵胞每個月會有一個卵子成熟，釋放到輸卵管內，這就是「排卵」。

卵子直徑約〇・二㎜，用肉眼就能確認。

一旦引起排卵時，失去內容的卵胞會變為「黃體」組織，分泌黃體荷爾蒙（孕酮）。

這個荷爾蒙到排卵為止，和由卵巢分泌的卵胞荷爾蒙（雌激素）一起，具有增厚子宮內膜，準備接受妊娠受精卵的作用。

但是如果釋出的卵子未受精——沒有妊娠——則不需要子宮內膜，這時就會從子宮壁脫落。

這時的出血就是月經（生理期），因此，一旦妊娠時月經就會停止。

卵子的壽命在排卵後只有六～十二小時。在這期間如果沒有和精子相遇，卵子就會消失。一個月一次，在這六～十二小時內，精子如果不鑽進輸卵管內，就無法妊娠。

精子的壽命在射精後為二～三天（四十八～七十二小時）。如先前所述，Y精子的壽命非常短，因此妊娠的機會非常有限。

精子與卵子相遇之前

精子只有五十微米（一㎜的二十分之一），是帶有長尾巴的蝌蚪形。一次射精釋出的精子數通常為二～三億。釋放到陰道內的精子會不斷擺動尾巴，朝向子宮前進。

但是，這時十％的精子運動能力原本就很弱，在開始的地點就敗退。由於陰道是弱酸性的，原本就不耐酸的精子在陰道內大半會死亡。

體力、體質、足腰的力量都夠的精子，才能由子宮到達輸卵管。

在這個地點和卵子相遇就會「受精」。

但是，受精的精子只有一個。成功鑽入卵子中的精子會去除尾巴，而與卵子中的核融合，誕生為「受精卵」，由先到達的是X精子或Y精子決定胎兒的性別。

「妊娠」在一週後成立

受精卵會立刻開始進行細胞分裂。藉著輸卵管的伸縮運動而慢慢地朝子宮移動。最後在子宮腔著床。

從受精卵（這時還稱為「胞胚體」）的表面，會出現稱為絨毛的胎毛狀物質，在子宮內膜生根。

受精後（進行性行為後）到著床為止大約一週。此時才是「妊娠成立」。然後漸漸邁向生產之路，開始俗稱的「十月懷胎」妊娠期間。

■ 從預產期當天開始逆算性交日

妊娠期間一般說法為「十個月」或「十個月又十天」，但是各位不要搞錯了。

如果在一月一日進行性行為，加上十個月零十天，也就是十一月十一日左右就會生孩子呢？還是在十個月零十天後，也就是十月十月會生孩子呢？——事實並非如此。

「十月十日」不值得信賴

妊娠時已經算是「妊娠一個月」。一個月並不是指三十天，而是以四週（二十八天）計算。

因此如果於元旦進行性行為，受精成功則在約一週後妊娠（著床），所以預產期為九月下旬，但事實上是九月中旬到十月上旬。

也就是說，妊娠期並非進行性行為的日子，也不是妊娠（著床）的日子，而是由女性妊娠前最後一次月經的第一天開始算起，才是一般的計算方法。

事實上，這種計算也只是「大致的標準」而已。

預產期計算法

預產期的計算法如以下所述。從最後月經日第一天開始算起，第二八〇天就是預產期。最後月經的月份減三（不能減時加九），月經第一天的日期加上七。

例如，最後月經的第一天是五月十日，則五（月）減三等於二（月），十（日）加七等於十七（日）。預產期為二月十七日。

最後月經的第一天為一月三十一日的話，一（月）減九等於十（月），三十一（日）加

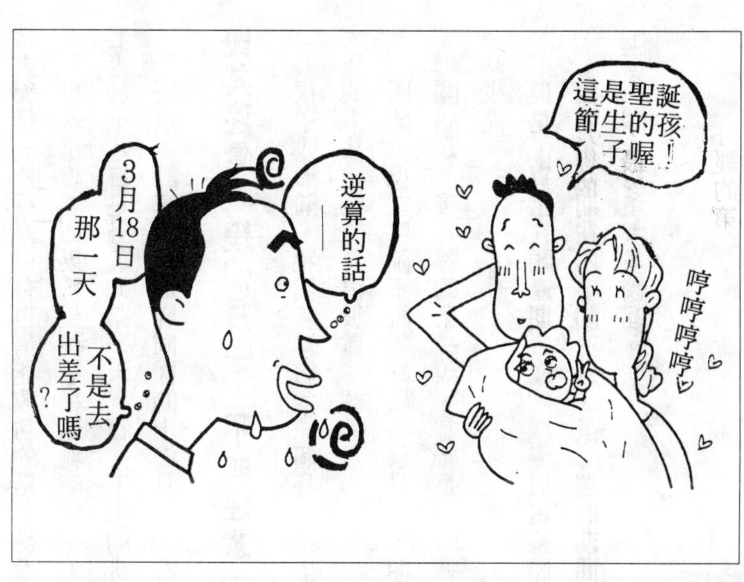

七等於三十八（日）。十月只有三十一天，因此預產期為十一月七日。

這是以月經週期為平均值（二十八天）穩定的女性為基準而計算的。以這個預產期為主，前後二週都可能會生產。

從一次月經到下一次月經為止的週期通常為四週（二十八天），排卵日也在其間。也就是月經和排卵週期為二週左右。

從月經的記錄和「基礎體溫表」（每天早上清醒時，利用婦女體溫計測量體溫，寫在圖表上），就可以推測月經和排卵的週期。但這個日數具有個別差異，而每次週期紊亂的女性也很多。

受精日逆算法

如果正確知道女性月經和排卵日的週期，

當天受精（性行為）有自信能成功的話，從希望生產日逆算，就可以進行性行為。

也就是說，如果希望孩子在聖誕節出生，十二（月）減九等於三（月），二五（日）減七等於十八日是月經的第一天。在接下來的排卵日（四月初）受精就可以了。

所以，計算上和耶穌同樣的十二月二十五日就是孩子的生日。

與其注意「幾個月」，不如注意「幾週」

孩子成形前，我們所算的「一個月」是指二十八天。「妊娠〇個月」的計算方法，只是大致的方法，也許各位很難了解。

因此，現在醫院不說「妊娠〇個月」，而以「妊娠〇週」來表示。

開始是最後月經的第一天，當時是「〇週」。從此時開始計算一週、二週，到第三十九週時生產。

但是，真正在預產期生產的機率只占整體的五％。

包括預產期在內，前三週、後二週的期間生產，都算是「正期產（經過正常妊娠期間的生產）」。初產大多較遲。

4「嗯，也許有孩子了」對於這些徵兆的處理

■當她告訴你這件事時

「現在受精了。受精卵在子宮內膜著床。」

女性本人不會自覺這一點（「我當然知道囉，就是那時候才有的嘛，所以父親是你」沒有人會堅持這種主張）。

她說：「可能懷孕了。」通常會察覺這一點是在下一次月經該來而沒來的時候，也就是妊娠三～四週以後的事情。

首先要當成是喜事

一旦妊娠時，女性①月經停止，②基礎體溫持續高溫期，③乳頭發黑，④開始孕吐，⑤肌膚乾燥、不易上粧等——徵兆會出現。

開始孕吐時，已經是四～七週，也就是俗稱的「二個月」。

「好像懷孕了」，這麼說時，即使是你不希望的妊娠，也絕對不要猶豫不決，或是打自

己的妻子，因為一半的責任必須由你負責。

必須說：「好高興」或「太棒了」等，盡可能做出很高興妻子懷孕的樣子，這才是身為男人的禮貌。

利用「妊娠判定藥」測試

偶爾會有「希望想要孩子」的強烈願望的女性，或是相反的「不希望有孩子」的女性，既使沒有懷孕，卻有月經停止或出現孕吐的現象。

使用市售的「妊娠判定藥」就能確認是否懷孕了。

藥劑有各種型態，原理和婦產科所進行的尿液檢查相同。是藉著尿中某種荷爾蒙的有無來判斷的。

將數滴尿液放入試管中，並以試藥測試，如果產生反應就表示妊娠。五分鐘～一小時內會產生結果。

依藥的不同，有的是「應該來啦！」在月經預定日當天就可以判斷，有的則是在過了十天或二週後才能做出正確的判斷。

即使是市售藥，價格不算昂貴，也許你認為「比婦產科更便宜嘛！」但是不見得百分之百正確。出現「妊娠」反應時，盡可能到婦產科確認。

兩個人決定是否要「生下」孩子

如果兩個人都希望有孩子，或是有了孩子後，也許妻子不會感覺高興，而說：「不想生！」

「我還不想辭去工作呢！」或是「我還沒有養育子女的自信呢！」

這時，想要孩子的丈夫可以說：「我會儘量支持妳呀！」儘量說服妻子，但是當然不能光說不練。

為了讓妻子兼顧「生產、育兒和工作」，因此要事先洽詢有關托兒所、幼稚園的場所和入園方法。

遇到萬一時，父親也可取得育兒休假，因此，要確認自己工作場所之「育兒休假制度」的系統。

如果妻子「對於養育子女沒有自信」，這時可藉著生產書籍、育兒書籍、錄影帶等，自己學習如何養育子女。

如果考慮「經濟的不安」，可以調查工作場所的扶養家族處理方式，做多方面的考慮。

經過這些努力後，再溫柔地對妻子說：「我們再商量看看吧！」

無論要生下孩子或不要孩子，雙方一定要在理性的溝通下找出結論。

個人經驗談

陪同前往婦產科記

M・F先生・28歲　公務員・妻子27歲

光是檢查，到附近就可以了

附近的婦產科醫院非常古老，建築物也破爛不堪，醫護人員都是老先生、老太太。好不容易到達較遠的綜合醫院，只有上午才有取得薪資的休假，但是光在檢查前就等了二小時，總共花了一天的時間。

結果所做的只是尿液檢查而已。她在等待時無法忍耐而去上了廁所，等到輪到她時，卻「尿不出來了」。

既然只是檢查「是否懷孕」，只要到附近的醫院進行就可以了。結果她還是在娘家附近生產的。

因為無禮的女醫師所說的話而感到慌張

E・W先生・22歲　運輸業・妻子20歲

光看名稱和外觀好像是很時髦的「婦科診所」，但卻是最差的。將近五十歲的老女醫師，一見了我們就說：「你們怎麼回事呀！」我們不知道她說的「怎麼回事」是指什麼？結果她說的是「這麼年輕，為什麼不考慮將來的問題，這麼早就懷孕了……。」

我們想早點有孩子，而她卻說『一點都沒有計畫』，還指責我們呢！看一些戲劇節目，常見的是看到別人懷孕都會說：「恭喜你！」應該是很高興才對。但她卻這樣指責我們。光想到這一點就很令人生氣。

這裡到底是美容院還是美容沙龍呀？

S・S先生・34歲　稅務師・妻子28歲

「朋友們都在那兒生產，那個地方很好喔！」妻子選的醫院在我們家附近，因此我也贊成。

你們知道嗎？這只是「讓年輕的妻子感到高興的醫院」而已。裝飾是白色建築物，色系則是以粉紅色和白色色調為主。擺滿了蘭花及觀葉植物花盆，並有各式服裝雜誌。

雖然我不喜歡醫院的氣氛過於昏暗，但這裡也太過熱鬧了，感覺好像是在美容院或美容沙龍的等候室等待似的。

雖然還有很多陪同妻子前來的男士，但是只有我看起來像個老叔叔一樣，讓我覺得是不是弄錯地方了，感覺很不舒服。

不注重個人隱私權的醫院

I・O先生・27歲　在精品店服務・妻子27歲

聽大廈的房東太太說，附近有「代代相傳的家庭式氣氛的醫院」，建議我們前去。

雖說是婦產科，但患者大多是好像罹患更年期障礙的老婆婆，全都是陌生人。我們才剛搬來這兒。這裡是一條古老街道的住宅街。

偶爾碰到有不到四十歲的人前來，但是在診察室聽到「哎呀！你又來了呀！」「是啊！已經第四個了，這次不知該怎麼辦才好」，聽到大家談論這些話題。

身為新加入者的我們，當然成為老婆婆們好奇心的焦點。「呀！真是恭喜你！」、「住在哪裡呀？」、「妳的丈夫看起來好溫柔啊！」

但是，妻子似乎非常喜歡這家醫院，「在那兒能讓我安心呀！」我真是不懂怎麼回事。

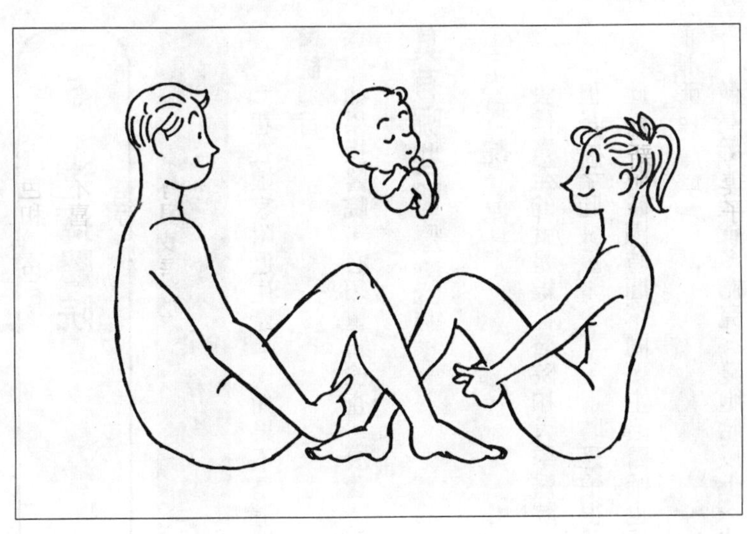

「一年前預約？」這是怎麼回事？

R・M先生・32歲　自由編輯・妻子30歲

妻子對我說：「想到那兒去生產」，這家醫院是著名的醫院，都是一些名人或有錢人的夫人就診的醫院。

打電話去詢問時，「要先預約喔！雖然接受初診，是否能在這兒生產還不得而知，因為現在床位已經滿了。」

現在離生產還有半年以上的時間呢！「在一年前就要預約喔！」聽她這麼說，令我感到很厭煩，哪有人事先預約，然後才製造孩子的呢?!

5 選擇醫院

以決定何種生產方式來決定醫院

「想在娘家附近生產」，如果不是這種情形，則盡可能從初診到生產為止，都在同一間醫院進行。

如果換醫院，必須重新檢查，浪費時間和費用。

具有哪些醫療設備

①大醫院

設備齊全的就是綜合醫院和大學醫院。

但是「孕吐嚴重……」，這時恐怕很難立刻接受診查。

此外，有時因時間不同，主治醫師也不同，大學醫院中則可能有很多實習學生觀摩分娩的情形。

像高齡生產或多胎兒（雙胞胎以上）的生產，或是有疾病的母親、胎兒的生產等，就有

所謂「高危險群嬰兒」，除了婦產科外，還必須有其他科的醫師協助，能夠進行緊急手術的大型醫院較令人安心。

②專門醫院（診療所）

只有婦科或產科的醫療設備（有時附設小兒科），床位約二十床以上，醫生二人以上稱為醫院；床位十九床以下，醫生一人以上稱為診療所（也稱為診所）。

醫師數目較少，較易選擇主治醫師，孕婦可能認為「比大醫院更耐心，仔細地檢查」。各醫院有不同的特徵，有些地方甚至自豪地說：「擁有如豪華飯店的設備和飲食。」

③助產院、助產所

由助產士開業的設備。從檢診到生產，以及「按摩乳房（使母乳分泌順暢）」的方法和產後各種處理，助產士都必須負責。

雖然和醫師合作，但是醫師不是隨時等在那兒。因此不適合高危險群嬰兒的生產。

④自宅

請助產士到自宅，這是以前的作法。在自己習慣的家中，能以輕鬆的心情生產，且剛出生的嬰兒也不會和母親分開。

沒有親朋好友的協助很難進行。條件則是必須為健康的孕婦，擁有正常的生產。

可以選擇生產法嗎？

「希望丈夫能隨時在旁」，或是「希望以針灸麻醉的方式生產」。孕婦可能有「想要以這種生產方式」的想法。因醫院或醫生、助產士的不同，有的「不允許丈夫參與生產過程」，或「建議採用拉瑪茲法等」，方針各有不同。

是否想用攝影機拍下生產過程，或是拍個照片呢？有的地方歡迎，有的地方則不表贊同。如果非常在意生產法，必須事先確認醫院是否能配合你的希望。

要使用金錢還是使用身體

健康孕婦的自然分娩，不包含在健康保險中，一切都要自己負擔。生產前後一～二週的分娩、住院的費用，花費頗大。「不想在普通混合房，希望擁有個人房」，或是希望「附設游泳池和美容院的醫院」，孕婦的要求真的不勝枚舉。

如果希望擁有最近流行的「豪華個人房，如飯店般的設備」，恐怕花費更多了。但是，擁有「讓親朋好友、姐妹們都羨慕的房間」，孕婦就會叫喚朋友前來，或是躺在床上打電話和朋友聊天。如果日用品齊備，則「拿毛巾來」，或是「去買衛生紙和果汁來」，不需要丈夫到處奔跑，當然也是較輕鬆的方法。

如果不想花太多錢而選擇古老醫院的大房間，那麼，孕婦壓力的宣洩口當然就是丈夫了。「這種地方，我才不好意思請朋友來」，或是「別人生產，丈夫每天都來陪伴，只有你不來」，會發出一些牢騷。

如果使用金錢就可以放任不管；不多花金錢就必須在旁照顧，會經常跑去購物，只好多使身體勞動了。

■各種生產法

無痛分娩

分為全身痲醉與局部痲醉二種。全身痲醉通常是在初期使用鎮痛劑等內服液，疼痛增強時則使用笑氣等吸收痲醉。

緩和疼痛的效果極大，但是因為用力的力量較弱，有時會導致進行吸引分娩（使用器具吸引胎兒）。局部痲醉則是利用痲醉藥痲醉特別會感覺疼痛的神經。雖然無法完全去除疼痛，但是意識清楚，能夠用力。

針灸痲醉則是將針插在腰和腹部的穴道，利用電氣刺激等使疼痛痲痺。但因人而異，效果不同。不習慣的人反而會對針灸感到不安或恐懼，因此，只適合熟悉針灸治療的人。

普通分娩

也稱為「自然分娩」。就是不使用藥物或器具的傳統式分娩法。不需要痲醉，因此「生產的痛苦」較大，但產後的滿足感也較高。

雖說是「自然」，但不是叫孕婦一直忍受痛苦。可以給予身體其他刺激而忘記疼痛，或是藉由按摩或呼吸法等緩和疼痛，就能順利生產。

這個方法包括拉瑪茲法及其他的「緩和疼痛」分娩法。

拉瑪茲法

是一種獨特的呼吸及放鬆法，不會勉強用力，藉由自然的子宮收縮而生產。

藉著去除不安與恐懼等心理的緊張，而在身體感覺緊張時，就能暫時不注意疼痛的問題，而能輕鬆生產。

「丈夫參與生產過程進行無痛分娩」，一般人會有這種想法，但並非完全不痛，即使參與的不是丈夫也不要緊。「不使用藥物或動手術」當然感覺不同。依情況不同，有時必須進行會陰切開（切開陰道後壁到肛門之間）。

活動式生產

不使用分娩台，而是「在你想生產的地方生產」的方法。並沒有決定的呼吸法，也沒有分娩場所和分娩姿勢的限制。國內目前仍少有這種設備，不過如果孕婦希望，則可以進行「水中生產」或「坐位生產」，或「立位生產」。

其他各種生產法

・**個人生產房（ＬＤＲ）**　進入個人的病房，當陣痛開始時，在這個房間能夠進行分娩的系統。在家人的圍繞下，感覺好像在自宅生產一樣。

・**氣功法**　在呼吸或放鬆時納入氣功的方法。

・**放鬆法**　納入瑜伽或坐禪、想像訓練等的放鬆法。

・**想像法**　利用想像訓練，使得多巴胺（消除不安與緊張的荷爾蒙）的分泌旺盛，而達到放鬆之效果的方法。

計畫分娩

「想避免深夜或休假日生產」，或是「胎兒或孕婦有問題，想早點生產」，這時事先決定好分娩的日子，以人工的方式引起陣痛的方法。大多使用陣痛誘發劑。

不要拘泥於拉瑪茲法

這是一種「嘻嘻呼」的呼吸法，是非常著名的拉瑪茲法。「這是最自然，能夠安心、安全生產的方法」，很多孕婦都相信這一點。

這個作法在美國非常流行，是因為包含了「丈夫陪伴在妻子身邊」的美德在內。因此，很多國內女性認為：「在美國能夠流行，相信一定是好辦法」。

如果利用拉瑪茲法生產，必須事先在「準媽媽教室」學習呼吸法和放鬆法才行。

如果希望得到丈夫的支持，丈夫也要一併練習拉瑪茲法。此外，在「準爸爸教室」中，要學會參與生產的心理準備。在「即將生產」的時候，如果丈夫不能立刻到醫院，則沒有任何意義。因醫院不同，有的醫院禁止丈夫參與生產，這時大多會建議採用別的方法。如果堅持「使用拉瑪茲法而且要丈夫參與時……」，也許必須選擇較遠的醫院了。

6 忍耐孕吐與孕吐相處

■因妊娠而改變之妻子的身體

妊娠二～四個月時（五～十一週），會出現所謂「孕吐」時期。

在電視劇中經常看到「嗚……」，摀著嘴巴跑到廁所去的畫面。

有的嚴重，有的不嚴重

雖說是「自己可愛的孩子」，但畢竟具有不同的人格。腹中對於異質物會產生反應，這在妊娠初期就形成了孕吐的症狀。

孕吐症狀包括「噁心、想吐、唾液增加、對食物的喜好改變」等等，症狀和程度、期間也因人而異。

不只是食物，有的人甚至連喝水都會吐，有的人空腹時覺得不舒服而很想吃東西。

有的人嚴重孕吐會持續較久，有些則不以為苦，甚至未察覺自己懷孕了。

成為母親的女人較美嗎？

孕吐出現時，女性的身體會產生一些變化。

不只是腹部，乳房和臀部會變得略微圓潤且增大。漸漸地乳頭發黑，脹大的腹部出現「妊娠紋」。

可能會出現便秘或營養偏差的情形，因此，皮膚乾燥、頭髮蓬鬆散亂……。

容易引起化妝品斑疹，懶得化妝。

汗和分泌物都增多，身體倦怠，甚至懶得洗澡。刷牙時就想吐，所以雖然覺得「一定要保持清潔」，但恐怕無法做到。

喜歡穿「寬鬆的衣服」，穿著「易吸汗的棉製內褲」，穿著「平底鞋」，「摩擦乳頭時會疼痛，甚至不戴胸罩」。

這就是孕婦真正的姿態。

任性焦躁

孕吐嚴重時，相信即使是女人也不會認為「生為母親真是太幸福了……」。

大部份的孕婦都說：「為什麼只有我這麼痛苦呢？為什麼我要受這種罪呢？」

甚至會責怪丈夫「你真是冷酷無情呀！」或者問：「我是不是異常呀？」「這是不是病態孕吐呢？」而感到憂鬱不安。

這時做丈夫的當然要溫柔對妻子說：「妳不要太勉強自己。」而且也要表現出幫忙做事的態度。

「有孕吐症狀出現，就表示寶寶很有元氣地成長呀！」要儘量去除妻子的不安，這是這個時期丈夫的責任。

但是，如果嚴重到「連水也無法接受」，嘔吐的情形非常嚴重或極端浮腫時必須住院。所以絕對不要以外行人的身分加以判斷，要趕緊到醫院檢查。

■孕婦的粗暴，男人必須注意的事項 I

孕婦的飲食

◇半夜突然說：「我想吃壽司、我想吃蛋糕。」這時如果你不去買，她就會說：「你不疼我、不疼寶寶囉！」

◇「我現在什麼都不想吃」她會說……，但是如此一來我也只有餓肚子了。或是我自己做飯菜或在外吃，她會說：「你自己吃美味的食物」感到很不高興。

◇「我不想吃速食品和冷凍罐頭了，能不能好好做一餐飯呀……？」我真的很想對妻子這麼說。

◇當別人正要吃飯時，她可能會說：「你是不是好高興呀！」這時兩人又要爭吵了。

◇「對食物的喜好改變了」，可是每天吃牛肉飯、烤肉、漢堡，偶爾我也想吃點清爽的東西呀！

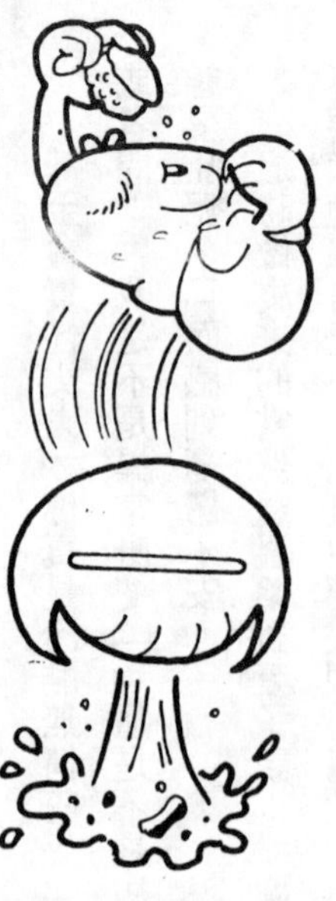

孕婦的健康管理

◇「冷氣對身體不好喔！」可是這麼熱，要忍受酷熱，對身體可能更不好吧！

◇妻子懷孕後，行李當然全都由我拿，可是最近她卻自己跑去大拍賣場買了一大堆東西回來。

◇去購物時，妻子會說：「如果不是無農藥、無添加物的食物就不能吃喔！」或者是「進口品令人擔心」……。可是我們倆不是吃了有農藥、有添加物的食物才長得這麼大嗎？

◇「我知道孕婦絕對不能抽煙、喝酒」，因此我也開始戒煙了，但是如果喝酒應該不用擔心「二手煙」的問題吧，請讓我高興的喝瓶啤酒吧！

孕婦與家事、工作

◇雖然妻子說：「沒關係，孕吐又不是病」，和平常一樣做家事，但是在廚房卻「嗚」一邊掃地一邊「嗚」，就好像我勉強讓她工作似的。

◇因為「孕吐」而不做飯、不洗衣、不打掃，妊娠中不是也需要適度的運動嗎？

◇「公司的人對孕婦一點都不體貼呢！」

◇「公司的人對孕婦根本不體貼。」說著哭了出來。可是如果坐在我旁邊的女同事不停地「嗚、嗚」，我也會感到很焦躁。這時我真的很想對她說，如果孕吐嚴重，還是早點下班休息吧！

孕婦的打扮

◇趁著肚子還沒有大時，趕緊去買一些孕婦裝。「這樣能消除壓力喔！」聽她這麼說也只好讓妻子買了，可是一件好貴呀！比我的西裝更貴，真是可怕……。

◇以前的化妝品不能用了，還是要「選擇自然的東西」，或是「對肌膚溫和的自然的○○」，或者是妳要購買「純淨自然」的化妝品喔！但是，附子和漆樹製品是「自然的東西」嗎？這些會對肌膚「溫和」嗎？

孕婦壓力的宣洩口

◇動不動就說：「反正你們男人也不知道孕吐的痛苦」，好像得理不饒人似的，相信擁有孕吐妻子的丈夫應該了解這種痛苦吧！

◇變得神經質，動不動就說「好髒呀！」或「好臭呀！」甚至我剛用過的聽筒都要用布擦拭乾淨。

◇購買一大堆孕婦雜誌，還說：「你也要多看看」，看到書上寫著「妻子要忍受痛苦」，她就會說：「丈夫也要互助合作，當然要體貼囉！」

◇有時妻子會說：「想到某處去」，但是出門後在車上卻說：「不舒服」。回到家中又說：「一直待在家裡，真無聊」。該怎麼辦才好呢？

◇看到孕婦雜誌上寫著『我們家驕傲的爸爸』這一類的報導時，就會說：「你看，別人家的丈夫多體貼呀！」只是一篇報導何必認真呢？

■孕吐的時期＝流產的時期

孕吐出現的時期，就是妊娠初期，與「流產高危險時期」一致。

所以，不可以拿重物，也不要做激烈的運動。

到妊娠十六週為止是危險期

七〇％的流產發生在妊娠初期。

母體中，輸送營養及氧給嬰兒的「胎盤」的完成期，是在妊娠過了四個月（十六週）後。

在此之前胎盤容易剝落，因此「跌倒，一屁股跌坐在地上」等刺激，都可能造成流產。

緊張和打擊等精神壓力，也會導致流產，因此，一定要保持心情輕鬆。

丈夫的責任

所謂「孕婦雜誌」或「孕婦書籍」都是孕婦愛看的書籍，這些書上一定會反覆說明『這個時期必須注意』。

也會說「這些工作由丈夫代勞」，或是「丈夫必須注意這些事項」，提出一些對丈夫的要求。在這個時期，丈夫是妻子的家事代勞者，是駕駛、是親密戀人。

「丈夫該做的事」

①為避免妻子墊起腳尖，或使用踏台取高處的東西，因此高處的東西由丈夫拿取。
②用中腰的工作。
③棉被搬上搬下。
④拿重物。
⑤清潔浴缸。
⑥倒垃圾。
⑦玄關墊子或浴室的墊子為避免打滑，要用雙面膠固定。
⑧還有其他孩子時，要儘可能照顧好。
⑨做簡單的料理及飯後的收拾工作。
⑩購買生活必需品。

「丈夫應遵守的禮貌」

①在屋外抽煙。
②經常說：「妳覺得怎麼樣啊？」

③下班後趕緊回家。必須晚歸時務必打電話告訴妻子。

④在她心情好的時候和她約會。

⑤妻子懶得做家事，也不可以發牢騷。

⑥她想吃的東西，隨時隨地都要讓她吃到。

⑦節制性行為。並不是說不可以，但是要支撐著妻子或用手臂支撐她的身體，不可將體重加諸腹部上。

有些書籍會建議孕婦「在擔心胎兒而不能插入的時期，偶爾可使用口或手幫助丈夫」。

⑧不要向自己的母親、姐妹發牢騷。

⑨不要邀請妻子不喜歡的朋友至家中。

⑩妻子打電話和別人聊天時一定要忍耐。

對孕婦而言，這是「痛苦」、「無聊」的時期。

比起初為人母的喜悅，「能否順利生下孩子」的不安則更大。「已經不再自由了，青春已經結束了」，很多女性會因此而感到憂鬱，甚至向丈夫發牢騷。

但是過了五週後，孕吐停止，孕吐消失後可感覺胎兒的胎動，孕婦的情緒就能穩定下來了。一定要安心等待這五～六週的暴風雨時期過去。

7 孕婦性行為

■「○○女味道很好」

女性一旦妊娠時，體溫上升，分泌物也會增加。

古代人說：「孕婦的味道很好」，但這是很難嘗到的「夢幻滋味」——。

初期以「母體為第一」

妊娠三個月（十一週）之前，腹部仍未突出，因此對男性而言，妻子能滿足他的要求。但遺憾的是，大部份孕婦的性慾會減退，不想和丈夫進行性行為。

「必須保護腹中的胎兒」，可能是這種意識做祟，或是孕吐嚴重，而「根本無暇顧及其他」。事實上，就像猴子，一旦母猴懷孕時，便不會接受公猴，這是一種本能吧！

雖然用眼睛看不到變化，但是在妊娠初期是流產的危險期。即使女性想過性生活，也必須避免激烈的性行為，或是深插入。

容易刺激子宮的過度抽動運動，必須要慎重其事。

要採用「伸足位」（以正常位伸直腿），或是「對面側位」的方式，淺插入。

如果採用「後背位」，女性能控制結合的深度，也有其優點，但是不習慣這種體位的伴侶可能會過度興奮，必須要注意。

男性不可將身體重量置於妻子身上，要利用手臂和上半身支撐體重。

中期可享受性愛之樂

妊娠五～七個月（十六～二十七週）時，是「妊娠中期」、「安定期」，孕吐已停止，流產機率較少，是安心時期。

這時女性可能也想有性行為，但腹部已突出了。

如果不是非常渴望性，就必須適可而止。

採用面對面型態的傳統式「對面坐位」就不會壓迫腹部，而且能控制結合的深度。

女性的手臂不要環繞男性的身體，好像用手支撐床似的，就可以避免深插入。

後期要控制性行為

妊娠八～九個月（二十八週～三十五週）的孕婦，肚子當然非常大。就算妻子說：「我希望你抱抱我」，也許男性會敬而遠之。

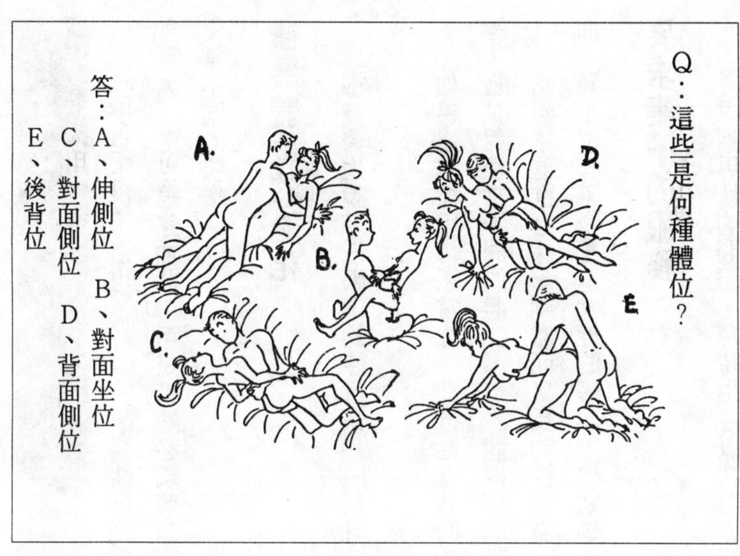

可是，這卻是男人的禮貌……。

可以允許的體位，只有「背面側位」。因為採用這種體位就能避免激烈的抽動運動，性行為也會較為緩和。

如果妻子產生異常感，就必須趕緊停止。要避免體內射精，最好採體外射精。

也絕對不能愛撫乳房。

因為對乳房的刺激會促進子宮收縮，這個時期會有早產的危險，因此要輕輕撫摸背部和後脖頸子就夠了。

即將臨盆時，當然一定要謹慎從事性行為。一點點刺激都可能造成「啊！要生了。」的危險。

■發現與「平常」不同的樂趣

「那也不行，這也不行」，孕婦性行為怎麼有這麼多限制呢？可是不可能讓我立刻變成「聖人」吧！雖然如此，可是仍然必須體貼妻子。與平常不同的夫妻生活，也許可以發現與平常不同的快樂。

擴展體位的變化

根據醫生說，妊娠中的性行為「一個月二～三次」也無妨。但是，還是必須「小心注意」。

如果通常採用「正常位」進行性行為的伴侶，可以選擇「坐位」、「側位」、「後背位」等，嘗試與平常不同的體位，也許能得到與平常不同的快感。

當然不能進行深、刺激而又長的性行為。但是「溫柔地奉獻」也許是男人的快感之一。而「騎士位」不會壓迫女性的腹部，但初學者可能造成較深的結合而導致危險。

要求妻子的服務

考慮到男性的問題，有時也可以請對方服務。

請她用口和手為你服務，我相信妻子平常也會認為「他是男人，怎麼可能一直忍耐呢！」就算有的女性認為「我從來沒有想過這個問題，我相信他一定能忍受」，但是遇到萬一時，妻子一定會為你服務的。

如果平常就用口享受性愛之樂的伴侶，可以轉換型態。

這時可以要求女性「舔舔我的乳頭嘛」，你覺得如何呢？雙方找出「性感帶」，也是一種很好的孕婦性生活。

各種禁忌

說到口交，也許女性不願意，這時不要強迫她。不論是否妊娠，很多女性對於「口交」會有強烈的抵抗感。

應該避免利用手指或其他器具插入。因為

孕婦的陰道內比平常更為纖細，容易受傷，有感染細菌的危險。

乳房的愛撫和刺激會促使子宮收縮，因此絕對不要進行。

當然，如果只是「放鬆雙方一會兒，輕輕地短時間的觸摸」，也是一種性感的關係。

一種義務

當腹部突起、乳頭發黑，過大的乳房也許不再令人感到性感了。臀部變大，手臂和腿變粗了……。

同時想到「肚子裡有孩子」，因此，恐怕男性的陰莖無法勃起，這也是人之常情。

「既然她也不是很想要，還是不要好了」，也許你會這麼想，在妻子懷孕期間利用手淫，或是到特種營業場所風流快活的男性並不少。

但是，若是妊娠中沒有性的另一半，到了生產後，可能距離性更遠了。

因此，妻子會感覺欲求不滿，對丈夫產生不信任感，再加上生產、養育子女的疲憊壓力，就會形成一種「孕婦壓力」的狀態。

性行為是夫妻間重要的溝通方式，即使在妊娠中，有時也需要「結合」，至少應該持續找尋性感帶的「性生活」。

個人經驗談

男人的藉口

「真差勁！」妻子背對著我

Y・H先生・32歲　獸醫・妻子30歲

有時候妻子也會主動要求性行為，而對我說：「要溫柔點喔！」
但是，不能做激型的抽動運動，又不能壓迫腹部，也不能花太多時間，全都是「不行」。
漸漸地，性慾萎縮了。
結果我和她說：「你舔舔我嘛！」妻子卻說：「真差勁！」氣得背對著我。
結果我只好一個人辦事了，真的是「差勁！」

「只有不能的時候才可以嗎？」

A・W先生・29歲・教師・妻子27歲

並沒有察覺到妊娠，在接近四個月之前還是和平常一樣辦事。

可是，知道懷孕後卻說：「以後只有不能忍耐時才辦事喔！」以往什麼都可以，可是卻突然說：「不可以做愛了」，真是搞不懂女人。可是因為必須到無法忍受的時候才能進行性行為，所以積壓太久，沒有任何的前戲就射精了。

妻子有時會說：「不可以太激動喔！」或是說：「前不久不是才做過嗎？」甚至會說：「你的性慾真強呀！」

我是一個國中老師，因此妻子說：「喔！原來國中老師會出錯，就是在這個時候呀！」……。我只好靠著手淫草草了事。

不要找良家婦女

I・N先生・27歲・在TV局工作　妻子24歲

懷孕中的妻子看了妊娠書籍「妊娠中的性生活」後，對我說：「你絕對不可以到風月場所風流喔！」，因為害怕感染了性病，可能對胎兒都造成影響。

但是妻子的孕吐非常嚴重，持續過著禁慾生活，終於和因為工作關係而認識的，就讀女子大學的女子發生了性關係……。看起來好像是很會玩的女孩，可是事過境遷後，她竟然打電話到公司找我。到底她是壞女人呢？還是我做了不道德的事應該受罰呢？

如果向妻子或上司坦白可就糟了。如果去風月場所就不會有這些後遺症了。

已經不需要「避孕」了

T・F先生・28歲・劇團演員・妻子27歲

事實上，接下來的三年我並不想有孩子。但是有了孩子後，反而也覺得輕鬆了不少，因為不管怎麼做愛，都不用擔心「懷孕了」的問題。妻子腹部變大後，進行背後性交。我雖然覺得不滿足，但她似乎很滿意……。我也漸漸發現妻子的「另一面」。

再次和「前一位女性」發生性關係

T・K先生・29歲・公務員　妻子25歲

在妻子懷孕後，「沒辦法」只好結婚了。妻子腹部漸漸大起來後，也不想抱她，每個月進行無聊的性行為。

事實上，在以前我就和其他女性交往，每次我去約那個女性時，她就會爽快地答應我……。一個月見面二～三次，和她在一起非常快樂，不只是做愛，在各方面都是如此。

雖然說這是「背叛妻子」的行為，但是我卻沒有罪惡感。

妻子懷孕九個月時回娘家去了。至於風流的事情，可能還會持續下去吧！不過現在一切都很平穩，只要確認「妻子」和「母親」的寶座，也許她就安心了吧！

肚子裡的寶寶現在情形如何？

妊娠中的胎兒與媽媽的身體

一個月（○～三週）

胎兒的身體

・受精卵反覆進行細胞分裂，大約一週後形成「胎芽」，在子宮內膜著床。

・腦和脊髓的神經系統、血液系統、循環系統形成，開始輸送血液。

★身高／約一公分。

媽媽的身體

・還沒有妊娠的徵兆，子宮的大小也沒有變化。

・有輕微發燒、倦怠等，類似感冒的症狀出現。

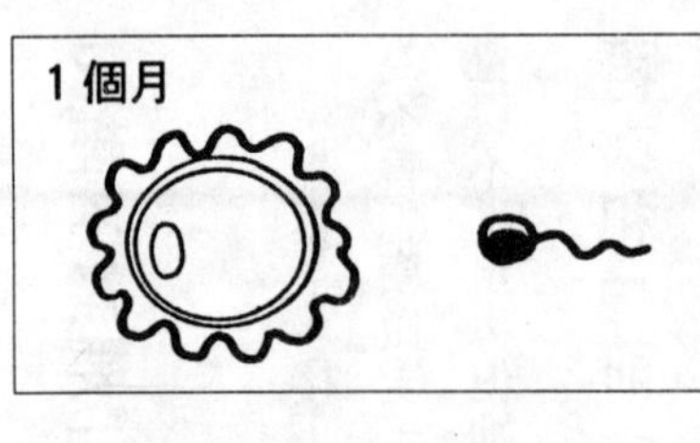

2個月

二個月（四～七週）

胎兒的身體

・發育所需要的纖毛出現。

・腦和手腳的指頭形成，也可以判別出眼睛和嘴巴。

★身高／約二公分，體重／約四公克。

媽媽的身體

・到了月經預定日，月經沒來。

・基礎體溫持續高溫期。

・乳房膨脹，排尿次數接近。

・噁心、想吐、嗜好的變化等，孕吐症狀開始出現。

・分泌物增加。

三個月（八～十一週）

胎兒的身體

・從胎芽成長為胎兒。

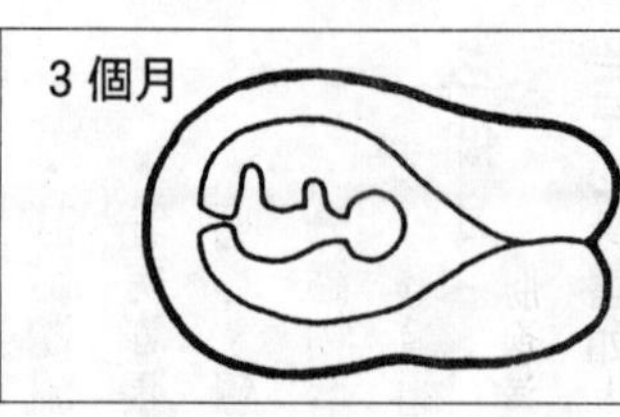

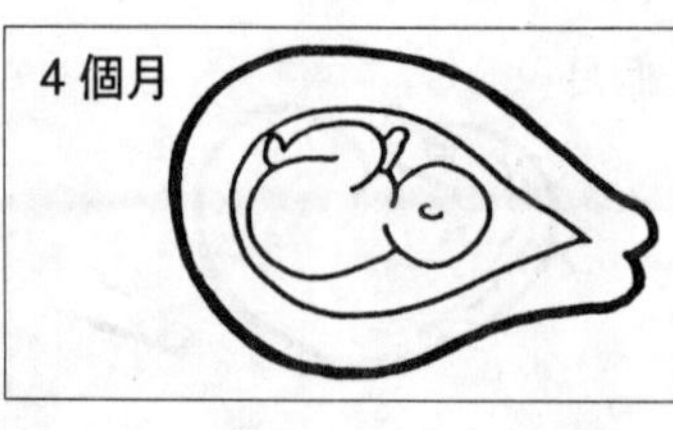

・鼻、唇、眼瞼、性器官成形，能分辨性別。

★身高／約七・五公分，體重／約二十公克。

媽媽的身體

・子宮如拳頭般大，腸和膀胱受到壓迫，排尿次數接近，容易引起便秘和下痢。

・孕吐持續出現，乳白色的分泌物增加。

・乳房增大，乳頭有時會疼痛。

四個月（十二～十五週）

胎兒的身體

・胎盤完成。開始吞羊水，透過臍帶進行呼吸和排泄。

・全身長出胎毛，內臟機能大致完成。

・像人類的臉。

★身高／約十六～十八公分，體重／約一二〇公克。

媽媽的身體

・孕吐症狀慢慢停止。

・乳房更為增大，子宮如幼兒的頭一般大。

・腹部開始突出，排尿及便秘的次數減少。

・基礎體溫下降。

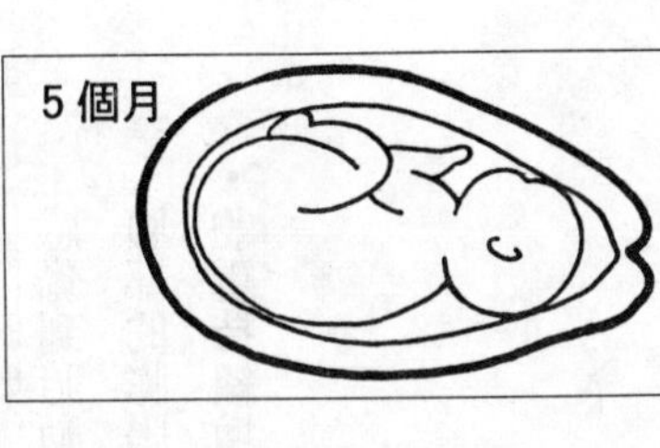

五個月（十六～十九週）

胎兒的身體

・頭髮和手腳的指甲開始生長，骨骼和肌肉發達。

・心臟功能旺盛，聽得到心音。

・頭、雙手、雙腳，開始個別活動。

★身高／約二五公分，體重／約二五〇公克。

媽媽的身體

・體重增加，腹部隆起更為明顯。

・乳腺發達，有時會產生乳汁。

・子宮如大人的頭一般大。

・開始感覺胎動。

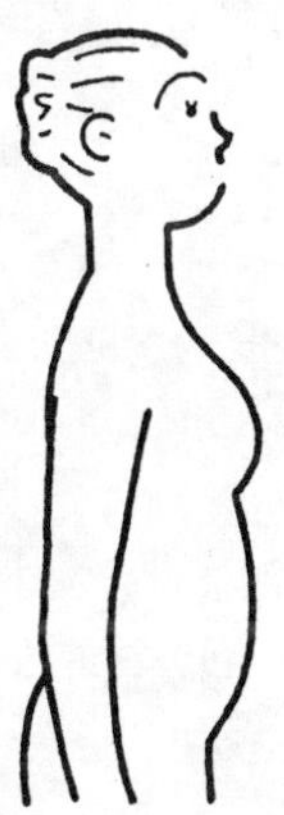

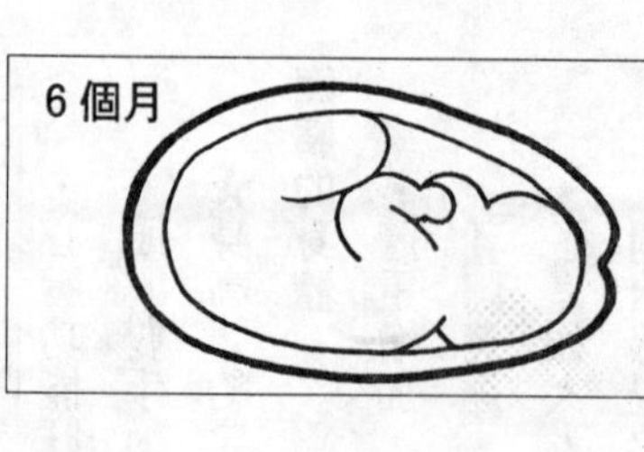

六個月（二十～二三週）

胎兒的身體

・開始長出眉毛、睫毛。

・有皮下脂肪附著，臉部輪廓清晰。

・羊水量增加，胎動旺盛。

★身高／約三十公分，體重／約五〇〇～七〇〇公克。

媽媽的身體

・感覺到胎動。

・腹部的膨脹非常明顯。

・體重持續增加，會引起腰痛或背痛。

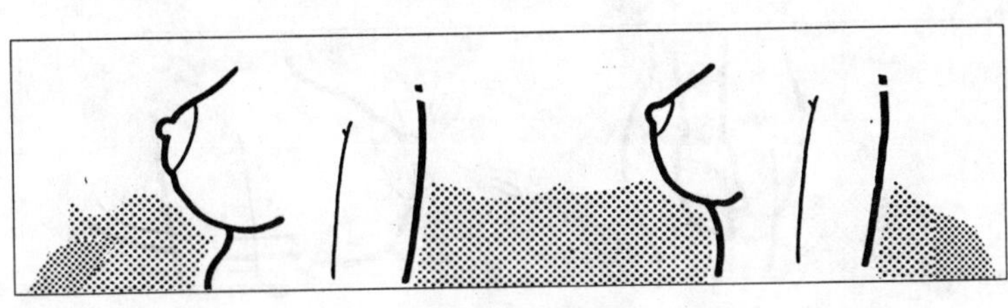

七個月（二四～二七週）

胎兒的身體

・皮膚為暗紅色。皺紋較多。

・腦和內臟的發育不斷進行，但呼吸器官的機能或肌肉尚未完成。

★身高／約三五公分，體重／約一公斤。

媽媽的身體

・腹部不斷突出。

・胎動頻繁。

・容易引起便秘、痔瘡、貧血。

・腹部增大，容易出現喘氣、腰痛、背痛的毛病。

八個月（二八～三一週）

胎兒的身體

・全身都有皮下脂肪，皺紋減少，身體圓潤。

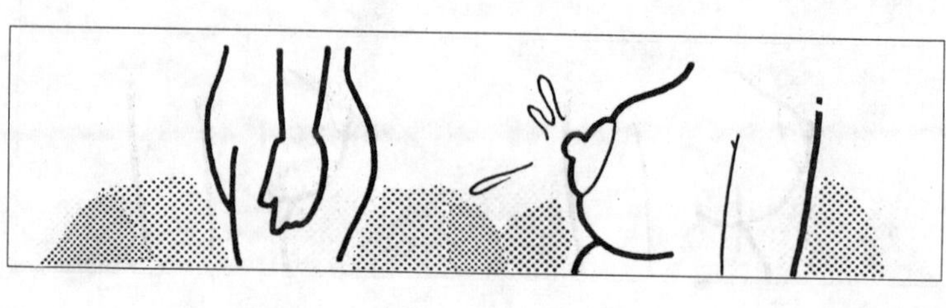

・聽覺機能大致完成，對外界聲音會產生反應。

・即使早產也能存活。

★身高／約四十公分，體重／約一・五公斤。

媽媽的身體

・不斷增大的子宮壓迫血管，容易引起腰痛、痔瘡、靜脈瘤。

・有時腹部感覺緊繃。

・腹部和乳房出現妊娠紋。

・乳頭和外陰部發黑。

・子宮往上擠壓到胃部，食量因而減少。

九個月（三二～三五週）

胎兒的身體

・手腳的指甲不斷生長、頭髮增多。

・身體變得均匀。

・肺機能大致完成。

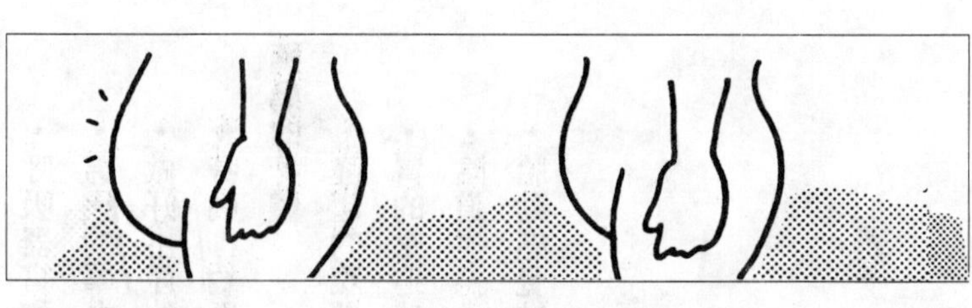

・胎兒的位置已經決定，頭進入骨盤中（這個時期即使為倒產，進入十個月後大多能自然矯正）。

・即使早產，存活的可能性較高。

★身高／約四六～四八公分，體重／約二～二・三公斤。

媽媽的身體

・子宮往下頂到心窩，胃和心臟受子宮壓迫，易引起胃灼熱、心悸、喘氣等現象。

・斑點和雀斑明顯。（生產後會消失）

・排尿次數接近，有殘尿感。

・壓迫乳房時，會有一些淡淡的乳汁出現。

十個月（三六～三九週）

胎兒的身體

・胎毛退化，頭髮長約二～三公分。

・身體膨脹，像「嬰兒」一樣。

・呼吸器官和消化器官機能成熟，肌肉發達。

・男孩的睪丸下降，進入陰囊中；女孩的大陰唇覆蓋小陰唇。

・做好生產的準備。

★身高／約五十公分，體重／約三～三・二公斤。

媽媽的身體

・隆起的腹部開始下降。

・胃的壓迫感和胸部的阻塞感消失，產生食慾。

・陰道更為柔軟，分泌物增加。

・胎動感覺較少、較弱。

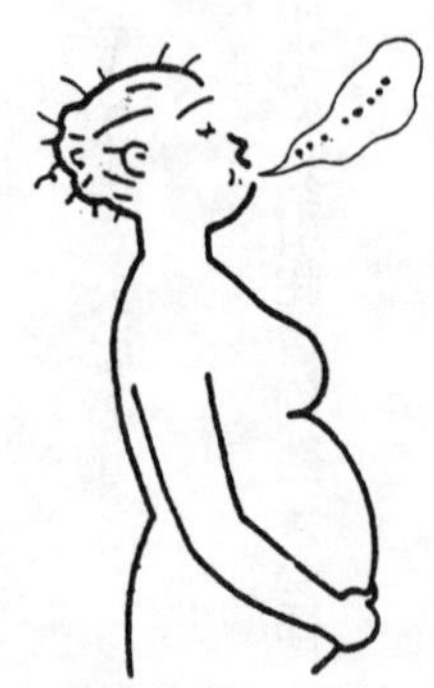

5 個月	4 個月	3 個月	2 個月	1 個月

指甲也長出來了	逐漸成長	羊水中有排泄物	像人類	有鰓
10個月	**9 個月**	**8 個月**	**7 個月**	**6 個月**

快要出來了 逐漸隆起	什麼都想舔的時期	能夠感受溫度的變化	皺紋很多，眼和耳部分明	睫毛 眉毛 開始生長

8 女性也不知道的「孕婦生活常識」

■必須注意的事項

一些所謂『正確妊娠與生產』的書籍會說，「儘量不要喝咖啡」、「不要抽煙」、「要戒酒」，反覆提醒孕婦的注意事項。但是，對女性而言，在剛開始的二～三個月沒有察覺自己懷孕。「知道時才戒煙、戒酒」的孕婦很多。

但有時「已經照了X光、服用感冒藥」，對腹中的胎兒會不會造成異常呢？或是「喝了牛奶、吃下雞蛋，生下的孩子會不會罹患過敏性疾病呢？」感覺到不安而開始自責……。

不要太過拘泥於「常識」

妊娠書會建議孕婦「戒煙」、「戒酒」，但並不是說抽煙就一定會造成胎兒異常，也不是說喝酒就使胎兒受酒精影響。

我並不是說不用擔心抽煙或喝酒的問題。如果有異常狀況出現時，你就會說：「書上寫這是安全的啊！」這我可不負責任喔！

因此，醫生和出版品都強調要「戒煙、戒酒」，這種說法並沒有錯。

如果妻子開始責怪自己時，你可以告訴她：「不要擔心！」設法讓妻子安心，這是丈夫的責任。

煙、酒、藥物的真正危險

知道妊娠時就一定要戒煙。母親持續抽煙會使胎兒的體重減少十%左右，而且發育會延遲，況且，也有早產、死產的危險。二手煙也會成為問題。和孕婦同住的家人最好戒煙，這是「對於孕婦和胎兒的體貼」，也是能讓妻子安心的方法。

酒對胎兒的影響，目前不明。如果罹患酒精依賴症的孕婦，生下的嬰兒罹患酒精依賴症的機率較高。所以，如果飯前喝一杯啤酒或葡萄酒，為促進食慾或當成睡前酒才飲用，限量飲用應該沒問題。

感冒藥等市售藥物，只要不是長時間服用，就不會造成惡劣影響。

如果是治療蛀牙而照X光，則沒有問題。

可以過著「普通生活」

這些「與健康有關」的注意事項，不僅對孕婦，對任何人都是如此。不論是否懷孕，為了健康，最好不抽煙、少喝酒。不要任意服用市售藥，不得已必須服藥時，一定要和醫師商量。

只要注意這些「普通的健康生活」就夠了。像「不可過量攝取咖啡因，所以咖啡、紅茶、綠茶要適可而止」，或是「攝取含添加物較少的食品較為安全」，對於這些提醒事項不必過於神經質地擔心。含有咖啡因的飲料或市售的清涼飲料，即使是健康的人，一天也不可能喝幾公升。持續吃速食品或罐頭食品的飲食生活，也是同樣的情形。

並不是說「因為是孕婦所以要特別」，只要「遵守普通常識」就夠了。

不必要求盡善盡美

有的人會說：「母親攝取太多雞蛋和乳製品時，嬰兒會罹患過敏性皮膚炎。」事實上，只要母親並非對上述食品產生過敏反應，就沒有問題。

如果母體產生強烈的過敏症狀，還是不要吃這些東西較好。

「那也不行，這也不行」，已經吃過了，該怎麼辦呢？母親若過於神經質，而造成不安或壓力積存時，反而會造成惡劣影響。因此，不要太過於擔心自己與胎兒的健康。面對要求完美的妻子時，你可以對她說：「就算出了一點差錯，孩子還是會安全生下的」，一定要擁有這種悠閒的心情。

■可以做的事、不可以做的事

妊娠並非疾病。體重增加、情緒變得憂鬱、焦躁——幾乎過著半病人的生活。因此孕婦必須好好轉換心情。

可以運動嗎？

妊娠初期（四個月，十五週）會出現孕吐，而且流產的危險性較高。像游泳、有氧運動、高爾夫球、網球等，在妊娠前就進行的運動，到底能進行到何種程度，要和醫生商量。

進入妊娠中期（五～七個月，二七週）前，有些醫院或健身房會建議孕婦，將游泳和瑜伽當成「孕婦運動」。即使是不會游泳的人也可以藉此鍛鍊肌肉，提高心肺機能。所以是適合孕婦的運動。

如果欲前往運動俱樂部運動，最好選擇有醫療體制的俱樂部。

能旅行嗎？

妊娠中期時，可以安心地旅行。決定好目的地和行程表，要和醫生商量。

條件為「體調不好時能立刻與醫院和醫師取得聯絡」。這點在海外很難辦到。

長距離旅行時，要選擇電車或飛機等搖晃較少的交通工具，才能較安心。移動時間最好在二小時內，行李由丈夫拿。

遇到塞車時會感到焦躁、心情不好，而且無法動彈……，危險當然更高了。

一小時左右的移動，不需上下樓梯時，坐車子也無妨，當然由丈夫開車。

到了目的地時，首先要考慮妻子的體調。即使是配合觀光的行程表，如果妻子感覺累，就不要出門，待在飯店裡好好休息吧！

能開車嗎？

腹部大了以後，當然不能開車。因為方向盤會抵住腹部，也很難踩到踏板，又無法繫安全帶，所以最好不要開車。

妊娠初期開車也很危險。因為妊娠時荷爾蒙分泌的變化，會使注意力減退，判斷力也會變得遲鈍。車子的震動對孕婦也會造成不良影響。

能夠騎自行車嗎？

妊娠初期體調好時，可以騎自行車。但是用力踏踏板非常危險，盡可能要悠閒地騎。到了腹部隆起的中期後，很難握住把手，會變得不穩定。而騎輕型機車則有跌倒的危險，最好不要騎。

遊樂場、電影院、戲劇表演、音樂會

盡可能避免擁擠的人潮。「走好幾個小時或排隊好幾個小時」，會造成孕婦的負擔。

可以聽古典音樂，但是像搖滾樂等樂團的演奏則非常危險。可能會被過度興奮的人群擠壓到腹部。要看電影時，要事先購票並擁有固定的座位，再悠閒地看場電影。

■擔心的症狀，不用擔心的症狀

雖然想吐或嘔吐的孕吐時期是無可奈何之事，但如果「什麼也不能吃、不能喝」，就是疾病了。

胎兒的健康狀態只能透過孕婦的身體掌握。因此，不可忽視母體「身體失調」的症狀。

初期的出血是危險信號

妊娠初期（四個月，十五週以內），孕吐症狀會強烈出現，通常沒什麼問題。但是沒有辦法喝水，形成脫水狀態時，稱為「妊娠惡阻」，就必須住院補充營養了。

此外，製造胎盤的絨毛膜異常增加形成「泡狀奇胎」時，胎兒會死亡。泡狀奇胎會伴隨強烈孕吐，形成少量的不正常出血，初期時腹部會特別大。

所謂「不正常出血」，就是通常來自子宮的婦科系列出血。也就是和月經一樣，透過陰道流到體外的血，與牙齦或鼻子的出血無關。因此必須要注意。

初期的「不正常出血」，大多是流產的徵兆，因此不論有無疼痛感，都要去看醫生。來自肛門的出血可能是裂痔或疣痔，對胎兒不會造成影響，但最好在生產前治好。採用蹲式馬桶的住家，改採「簡易西式馬桶」，排便就更為輕鬆了。

即使未出血，但出現褐色分泌物，或產生劇烈腹痛時，一定要趕緊到醫院。

尤其是曾有流產經驗者，或是因不孕症而動過輸卵管手術者，有可能是需進行緊急手術的「子宮外孕」，因此必須注意。

這些症狀的分辨方式

一旦妊娠時，子宮壓迫膀胱，使排尿次數接近，是理所當然的事情。但如果出現排尿痛或殘尿感，可能是罹患膀胱炎。

足、腰疼痛是暫時性的，不用擔心。如果躺下休息仍持續疼痛時，就要和醫生商量。

分泌物如為透明或白色的，是普通的生理現象。如是出現強烈的黃色、或有難聞的臭味，或雖為白色卻混合乳酪狀的顆粒物質，可能是陰道炎的症狀。

妊娠中期後的注意點

中期以後必須注意不正常出血和破水的現象。破水是生產前羊水流出的現象。如果弄濕內褲或流到腳上時，不要誤以為是「漏尿」。雖然和尿具有同樣的溫度，卻有一些腥臭味。羊水破了之後，就要趕緊到醫院。

這個時期的大量出血或劇烈腹痛，對母子而言都非常危險，所以一定要安靜地躺下，趕緊和醫師聯絡，或是叫救護車。

妊娠末期的注意點

八個月（二十八週）以後的腹痛，是開始生產的徵兆或異常的訊號不得而知。下腹緊繃且出現周期性疼痛，就是生產的徵兆。

如果有嚴重出血，或疼痛僅止於腹部的一部份，或是出現腰痛症狀，就表示身體異常，要趕緊到醫院。

妊娠中容易出現浮腫，但浮腫現象突然嚴重時，也必須到醫院去。腹中的胎兒突然不動，或比平常動得更厲害時，都是令人擔心的症狀，要趕緊接受醫師的診斷。

■孕婦的粗暴・男人必須注意的事項 II

孕婦的健康

◇半夜叫著：「肚子痛！肚子好痛呀！該怎麼辦……」，拼命哭泣，開車送妻子到醫院看急診，結果是「便秘」。

◇「妊娠中要控制鹽分的攝取，所以口味要吃得淡一點。如果覺得不夠，可以使用香辛料」，這是妊娠書上的說明，因此使用太多辣椒，可能就是因此而罹患痔瘡吧。

◇為妻子按摩後，他食髓知味，經常動不動就說：「腰好痛、背好痛呀！腿好痠呀！」要我為她按摩，但是我已經疲憊不堪的手臂和肩膀，誰來為我按摩呢？每當我這麼說時，她就會說：「是你讓我的身體變成這個樣子的呀！」

◇「打掃浴室、廁所是你的責任喔！」可是夏天時我都用淋浴法，上廁所也只有早晚二次而已呀！

◇在購物清單上寫著「分泌物墊」……。

◇妻子說：「光是聞到煙味，我就覺得很不舒服」，可是以前是一天抽一包煙呢?!

◇「妊娠後，對食物的喜好改變了，現在好喜歡吃生魚片喔！」嗯，是嗎?可是也只能吃白肉魚呢！

孕婦的休閒

「進入安定期後，必須去旅行，到哪兒去才好呢?」一直要求我帶她去旅行。但是書上寫的是「進入安定期後可以去旅行」，或是「旅行也不錯」，並沒有說一定要去旅行呀！

◇「妊娠後，過年不能去夏威夷喔！」但是是妳不能去，沒有理由連我都不能去呀！

◇吵著要去迪斯耐樂園的是妳，但是走到一半蹲下來說：「走不動了」的，也是妳。

◇以前，「看到大肚子的女人和丈夫走在一起時，會覺得很難為情。『他們已經做過愛了』」，會嘲笑別人，現在卻「根本不和我牽手」了！

孕婦的運動

◇雖然去參加孕婦游泳課程，可是卻不願意進入游泳池。

◇想游泳的話，附近不是有公立游泳池嗎?也進行「孕婦游泳」的課程，而且不需要入會費用。

◇一直吵著要「打高爾夫球」，但是挺著大肚子，可以看到地上的球嗎？

◇參加孕婦有氧舞蹈，但是做了三次就停止。倒是買了好幾件韻律服。

◇既然知道散步對身體很好，妳為什麼不自己去散步呢？

孕婦的通勤

「真希望有人能讓座位給我」妻子向我發牢騷。妳可以穿著更像孕婦的服裝，或是上面貼著「我懷孕了」不是更好嗎？

呀！呀！

◇不論打掃或洗衣，都推說：「休假時再做好了！」到了週末時又說：「一週的疲勞全都出現了。」只是在那兒睡覺。結果不論是做飯或購物，全都由我做，我什麼時候才能休息呢？

◇到公司上班總是懶洋洋的，但是和朋友一起出門時，比任何人都有精神。

9 「胎教」真的能使嬰兒聰明嗎？

■ 天才是在肚子裡創造出來的嗎？

「胎教音樂要聽莫札特喔——」，當女性雜誌介紹以後，『莫札特全集』的CD非常暢銷。

平常沒有聽古典音樂的母親，認為「我的孩子讓他聽莫札特一定會變聰明、美麗」，或「只要熟悉天才的音樂，就能培養音樂的才能」，我認為這是不對的想法。

什麽是胎教

「妊娠中只要閱讀英文，或讓胎兒聽英文就能提升嬰兒的語言能力」，或是「欣賞名畫、聽名曲就能培養嬰兒的藝術才能」，根本沒這回事。

像一些「提高IQ的胎教」，我認為根本不屑一顧。

如果能藉由胎教培養特殊才能，因此而提高IQ（智商）的話，那麽到處都充斥天才兒童了。

「○○女士和她的孩子成為××會的會員後，藉著胎教之賜ＩＱ為一五○，因此能進入△△學園的幼稚園就讀」，像這樣的傳聞妻子也許都聽過，但是我認為身為父親的人，應該冷靜思考。

昂貴的通訊教育或學習需花費很多金錢，才能滿足虛榮心。事實上，要進入著名的學校就讀，也是需要有背景的。

胎教原本應該是指情操教育。不，與其說是教育，不如說是培養胎兒豐富的感受性和創造力。

所以不可能說「做了○○，就會變得聰明」，不要期望這種實質的效果。

過了二十歲以後就是普通人

胎兒在胎內看到、聽到的記憶，會殘留到

什麼時候呢？喜歡音樂的母親在妊娠中一直聽鋼琴曲，出生後的嬰兒有一天突然彈奏在胎內聽慣的曲子。「妊娠中，讓胎兒看英文錄影帶，孩子很能說英文喔！」像這樣的「胎教成功談」非常多。利用這類胎教可以培養一些記憶力和知識。

如果這就是所謂「天才」，那麼胎教就能製造出天才兒童了。但是，這孩子能夠成為著名的鋼琴家嗎？能夠成為英文說寫流利的人嗎？我沒有聽過這樣的事情。即使比一般孩子更早認字、更早說話，更早走路，也許父母會認為「我的孩子是天才」。但是有人說：「十歲是神童，十五歲是秀才，過了二十歲只是普通人。」

即使是愛因斯坦、愛迪生，在所謂「天才」的兒童時代，全都是劣等生。

父母討厭的東西、子女也討厭

母親承受的感情刺激，會傳達胎兒腦中，而培養出胎兒的感情。

對母親而言，感覺舒服的音或光，會給與胎兒安定感，而使其感受性豐富。

相反地，令母親感覺不快或焦躁的音或光，胎兒也不喜歡。

母親因為感覺舒服的音樂或映像而感到快樂時，就成為一種「胎教」。

就算是為了「孩子著想」而聽莫札特的名曲，或看英文錄影帶，如果母親覺得「自己根本沒有興趣，真是沒辦法」，恐怕對孩子而言，也會造成困擾吧！

■可以為胎兒做些什麼

到了妊娠四個月（十二週）時，母親的感情會影響腹中的胎兒。根據超音波診斷裝置的影像，當母親對別人說：「恭喜你呀！」而衷心感到喜悅時，胎兒的身體也會悠閒地動著。當母親悲傷或束手無策時，胎兒會出現類似痙攣的動作。例如：「還是拿掉好了」，或是「真討厭，為什麼我要生下孩子呢？」這類談話，胎兒也聽得到。

胎兒能了解的事情

胎兒當然不了解這番話的意義，但是「還是拿掉好了……」，這些母親心情動搖的情感會傳達給胎兒知道，而成為胎兒情緒不穩定的要因。

工地的噪音和爭吵的聲音，警鈴聲或狗吠聲等，當母親置身於不快的環境中時，腹中的胎兒也會膽怯。

經常爭吵的夫妻，據說嬰兒出生後發育較遲。

在這樣的家中，即使讓胎兒聽『能使頭腦聰明的○○錄音帶』，恐怕也不能成為真正的「胎教」吧！

與其變得聰明，不如使他安心

考慮腹中胎兒的心情，必須注意的並非提升他的才能或聰明度，而是要使他安穩地誕生到這個世界上。

不要擁有過剩的期待之心，創造一個胎兒能安心誕生的環境，才是最重要的一點。

妊娠五個月（十六週）時，胎兒開始擁有聽覺。

胎兒喜歡的聲音，並不是著名演奏家的名曲或是自然的呢喃，而是溫柔和他說話的母親的聲音。

剛出生的嬰兒聽到母親的搖籃曲時，會停止哭泣而熟睡，而在母親胎內的聲音（心跳聲）也能使胎兒安心。

從出生前就對腹中的胎兒說話或唱搖籃曲給胎兒聽，才是好的「胎教」。

嬰兒出生後會記著這個聲音，而這種音色會成為一種精神安定劑。

即使不知道胎教或英才教育等名稱的古代母親，也是以這樣的方式養育子女。

搖滾音樂也沒什麼不好

「豐富胎兒的情操」這一類市售的胎教用CD，或錄音帶、錄影帶，銷路十分好。的確，優雅的古典音樂或潺潺的流水聲，美麗自然的風景等，的確能抑制神經的興奮，達到放鬆身心的效果。

一旦妊娠後，女性很容易變得感傷。以前未察覺之路旁的花草，都會使她淚流滿面。

有的母親會因為畫本或童話而感動。甚至想到美術館或到歌劇院觀賞芭蕾舞表演，藉此「洗濯心靈」。

像這些「感動」也能培養胎兒的感受性。

如果母親喜歡搖滾樂，不必勉強自己聽古典音樂，如果聽搖滾樂能使情緒穩定，就聽搖滾樂又何妨呢？

10 男性要學習的妊娠營養學

■ 不要被「情報」沖昏了頭

即使腹中有胎兒，也不能認為「要吃二人份的食物」，這是從前的說法，現在則是「注意不要太胖喔」，這才是孕婦的心聲。

婦產科做檢診時，必須檢查體重的增減。

「妊娠不可以吃太多餅」，或是「不可以吃含有太多湯汁的食物」，在食物缺乏時代不具有營養知識的婆婆，都會對媳婦強調「不可以太胖」。

即使擁有營養，也不能發胖

到生產為止，體重至多增加十公斤。

胎兒的體重為三公斤左右。如果孕婦體重增加為十五或二十公斤，剩下的都會變贅肉。

孕吐結束後，會產生食慾，而且此時身體笨重，懶得動——就會具備孕婦發胖的條件。

妊娠中過胖，容易引起糖尿病和妊娠中毒症，胎兒太大時容易導致難產。

孕婦一般常識是「注意不可以吃得太多，控制糖分、動物性脂肪的攝取，鹽分不可攝取過多」。為避免貧血，要充分攝取鐵質，此外，礦物質、維他命、蛋白質也不能減少。

書上會談到「預防成人病的飲食」。這才是理所當然的健康飲食生活。

現在，關於妊娠和育兒的情報很多，可以說太多了，甚至有完全相反的情報出現。請看「妊娠期間的飲食」這些項目。

某本書上寫「為防止貧血，肝臟最好。原先不敢吃肝臟的人，可在調味和香草料下功夫，妊娠中應多攝取」，會建議孕婦多吃肝臟。另一本書則說「豬肝、牛肝和雞肝含有配合飼料，會殘留抗生物質等藥劑，所以最好不要吃」。

男人或是孕婦以外的女人可能會說：「喔！那麼肝臟吃不吃都沒關係囉！」但是孕婦對這些情報會非常地擔心。當孕婦被這些情報沖昏頭時，丈夫要對妻子說：「要適可而止」。如果感到擔心，可以和醫師商量。

關於孕婦營養補給和健康方面的「情報」，有很多民間傳承出現。

「喝〇〇水比較好」，或是「吃××比較好」，有的人會這麼說。

「蘆薈對身體很好」，在婆婆的建議下勉強吃蘆薈，卻反覆嘔吐、體調崩潰，導致流產危機的孕婦都出現了。對於民間療法、民間傳承等，相信的人可能會產生效果，但是如果體質不合，可能無效或造成反效果。

特應性疾病、特應性疾病……

最近，大家耳熟能詳的「特應性體質」，是指遺傳性的過敏體質。這個體質如果出現在嬰兒身上，有可能是特應性皮膚炎(濕疹)或氣喘。

即使父母不是特應性體質，孩子也有可能出現特應性皮膚炎或氣喘。最近，甚至「特應性兒」不斷增加。為了防止孩子罹患特應性疾病，孕婦的常識是「不可吃太多蛋、牛乳、大豆」、「儘可能避免吃含農藥、添加物的食物」。

但是，所謂「太多」、「儘可能」到底是何種程度呢?牛乳和大豆不是「對身體很好的食品」嗎?關於特應性疾病完全不了解的母親，或是完全不注意飲食生活的母親生下的孩子，不見得就會罹患特應性疾病。

相反地，「儘可能不吃雞蛋、不喝牛乳」的母親，可能會生下特應性兒。像這樣的例子很多。

「關於孩子的健康，反應過度或是太過神經質的母親，暫時離開孩子，讓他住進有醫療設備的地方，孩子的氣喘發作停止」，但是，當母親靠近孩子身邊時，或是再度關心孩子的日常生活時，病情又會再發」。甚至出現這種例子。雖然說選擇無農藥的自然食品來吃較好，但是，生下的孩子難道一生都能吃無農藥的自然食品嗎?

■男性所做的孕婦飲食

當妻子開始孕吐時，丈夫有時候必須做飯。

如果喜歡做飯時，當然可大展身手。但是，「男人的料理」大都是燉牛肉或是燻肉，也許只是感興趣，一時興起時做做，沒有辦法持續。

單身時是靠著速食麵或罐頭食品過著「自炊」生活的男性，也許有自己動手做簡單料理的經驗吧！但是，成為孕婦的妻子是非常任性的。

「光吃速食品對身體不好呀！」或者是「口味太重了」，可能會發牢騷。

如果使用蔬菜就不會發牢騷

不論是咖哩或任何食品，秘訣就是要大量使用蔬菜。因為孕婦的想法是「肉類對身體不好」。

蔬菜較多時，她就會感到滿意，認為「丈夫很關心我的身體呢」！

充分使用蔬菜的料理，男人也能輕易辦到。而且不論是做成火鍋或炒來吃都很方便。

夏天時，一邊流汗一邊吃火鍋菜，也許會使你更為清涼吧！

火鍋菜要準備五種蔬菜。只要洗淨切好就可以了。將必需品全部擺在桌上，妻子想吃什

麼，只要自己動手就可以了。

此外再利用雞湯塊就夠了，如果是加入魚或肉的火鍋料，當然就不需要使用高湯了。如果使用市售的雞湯塊，就不需要調味，有時可使用魚醬系列的調味料。

加入烏龍麵或內臟當成主食，最後再放入冷飯做成雜燴飯也不錯。

炒菜時要較硬的東西切小塊，柔軟的東西切大塊些，用大火快炒即可，用鹽、胡椒略微調味，也可以利用顆粒狀的雞湯塊，味道更好。

既然是準備給妻子吃的，口味當然要較淡一些。如果味道太淡，炒好後再淋上一些市售的醬油就夠了。

如果向韮菜炒豬肝挑戰，必須充分去除豬肝的血、去除腥臭味。

用水洗淨後，去除薄皮，血塊也要洗掉。

用稀釋的鹽水（泉水也可）揉搓洗淨。換水二～三次，洗好之後至少要浸泡在稀釋的鹽水中十分鐘（用牛乳更好）。

充分瀝乾水分後切成適當的大小。使用蔥花、薑屑去除屑味。

依賴市售品調味

也可以使用市售的味精或湯塊。

「不能依賴這些東西」，也許你有這樣的意見。但是如果不會做，做得很難吃，還不如使用這些東西較好。也許會給人「化學調味料對身體不好」的印象。有的孕婦會認為「要選擇無農藥的蔬菜」較好。

在醫院中，即使是住院患者的飲食，也會使用化學調味料。不可能完全使用無農藥的蔬菜。

未使用農藥的蔬菜就會附帶蟲或蟲卵，如果沒有充分洗淨反而對身體更不好。如果，沒有加入保存料等添加物就會腐爛，腐爛的東西對身體也不好。所以要安慰妻子不要太神經質。

大部份男性都不懂得烹飪。即使是初學者，也要以「擁有美好的形狀且味道不錯」為目標。只有專業主婦才會要求「對身體很好且美味」的料理。

■男性做的「健康料理」

「酒一大匙，醬油二大匙」，不用這麼痲煩地斤斤計較。「我做的東西不好吃，妳要包涵一點喔！」可以這麼對妻子說。只要是你親手做的，即使不夠美味，妻子也願意吃。不必要求美觀、美味，以下介紹「健康料理法」。

燉肉

利用罐頭汁（最好選擇種類豐富的罐頭汁，味道較好）來做燉肉。

只要使用清湯再加入洋蔥（蔬菜）就可以了。

打開鍋子，將一罐的汁加入，再放入番茄、洋蔥、茄子、培根等。冰箱裡的東西切成適當的大小，一起放入烹煮。

最後用鹽、胡椒調味，再加入少量葡萄酒就可以了。

蔬菜或培根在煮之前，要用沙拉油略炒，就更具有專業的口味。馬鈴薯和胡蘿蔔要放入前，必須先煮軟。

最後再撒上乳酪粉或芹菜屑，看起來真像行家呢！

蔬菜湯

蔬菜湯最受女性喜愛。首先要將蔬菜切成適當大小，而且必須根據蔬菜的特性烹調。

以下介紹簡單的做法。

備妥各式蔬菜。通常是青椒（不限於綠色青椒，黃或紅色也可以），番茄（這是必需品）、茄子、洋葱、小黃瓜、蘑菇等都準備好，切成一口的大小。

再加入蒜屑就更好了。

蔬菜用橄欖油略炒，在煮鍋中放入蔬菜、水和少許白酒同煮。

這時也可以加入肉桂或稱為花草的蔬菜類，就更有「時髦」的味道了。

煮至蔬菜柔軟就可以了。按照個人喜好可加入鹽、醋或顆粒狀的鮮雞晶。

如果懶得煮，可以用微波爐。將切成適當大小的蔬菜（

合計五〇〇～六〇〇公克左右）放入耐熱碗中，加入一～二匙的醋和砂糖、二分之一小匙鹽，用保鮮膜蓋住，放入微波爐中加熱五～六分鐘。

攪拌後撕開保鮮膜，再放入微波爐中加熱五～六分鐘，直到蔬菜煮熟為止。

煮南瓜

為避免孕婦罹患便秘，應多吃芋類或南瓜。

準備南瓜（四〇〇～五〇〇公克）、去子，切成四～五㎜的厚度。

將南瓜煮軟（放入滾水中煮五～六分鐘），或是放入微波爐中煮四～五分鐘。

培根切成五㎜～一㎝的寬度，用沙拉油炒過之後再加入煮軟的南瓜。依照個人喜好可以加入蒜頭薄片（一塊分量），炒好後加入少許鹽調味。

最後再撒上芹菜屑裝飾。

此外，也可以用切成一～二公分寬度的馬鈴薯代替南瓜，用奶油代替沙拉油，也是一道很好的菜。

11 事先做好準備

■生產前要備妥用品

生產除了看門診、住院、分娩費用外，還需要多準備一些錢，這是一般的常識。

看門診、住院、分娩等的費用，如果加入健康保險，或是親朋好友送的「紅包」，就可省下一些錢。但是，尿布、嬰兒車、衣物等「嬰兒的必需品」，仍是一大筆費用。

胎兒八個月大之前就要準備好

妊娠八個月（二十八～三十一週）時，有可能突然生產。

到了這個時候，孕婦挺著大肚子購物，當然非常辛苦。

因此，在八個月大之前，為了「以防萬一，避免手忙腳亂」，為孕婦準備住院必需品或新生兒必需品，一定要備妥——這是妊娠、生產的書籍中經常提及的事項。

但是，即使沒有完全備齊「必需品」，也不必太過在意——這才是正確的心態。

不必勉強湊齊

住院所需要的物品，例如水瓶、毛巾等一定要準備，但依醫院不同，有的完全不需要準備。

睡衣或特種的內褲等「孕婦用品」當然需準備一些。大型醫院在其販賣部就有供應。或到附近的大型超市和百貨公司也可買到。

不論是錢、信用卡和人手方面的問題，在「遇到萬一」時，都要準備齊全。

只要有這些就安心了

沒有人手，不能依賴家人，丈夫不知道會不會臨時不在家，該準備的東西沒有準備好無法安心——這時就必須準備最低限度需要的東西了。

住院時母親需要的東西

①現金（主要是零錢）、母子健康手冊、健保卡、提款卡、診察券、印鑑、原子筆。
②產褥用的胸罩（不會緊繃型）、內褲、睡衣類各二～三件。
③盥洗用具（牙刷、梳子、肥皂、化妝水、牙膏、洗髮精、潤絲精等）。
④毛巾（浴巾和手巾）各二～三條。
⑤前開式睡衣（如果醫院有指示，要遵從醫院的指示）二～三件。
⑥腰卷、腹帶、T字帶（醫院指示時要用）二～三件。
⑦生產用產褥墊、衛生棉、消毒棉（醫院指定時要準備）。
⑧其他——例如杯子、湯匙、衛生紙、襪子等。

出院時嬰兒需要的東西

①貼身衣物二～三件。
②尿布五～六片。
③尿布兜一～二件。
④嬰兒服一～二套。
⑤襪子一～二雙。
⑥防寒衣物（依季節不同）。

為了產後生活，事先準備的東西

有一些「要事先準備」的東西。

此外，像紗布、手帕、浴巾等，都是「必要」必需品，這些也可以使用家庭中的現成品。

如果妻子說：「這是我們頭一個寶寶，一定要用新的東西呀！」這可能是受到孕婦雜誌的「為可愛寶寶準備必需品」等廣告的洗腦吧！

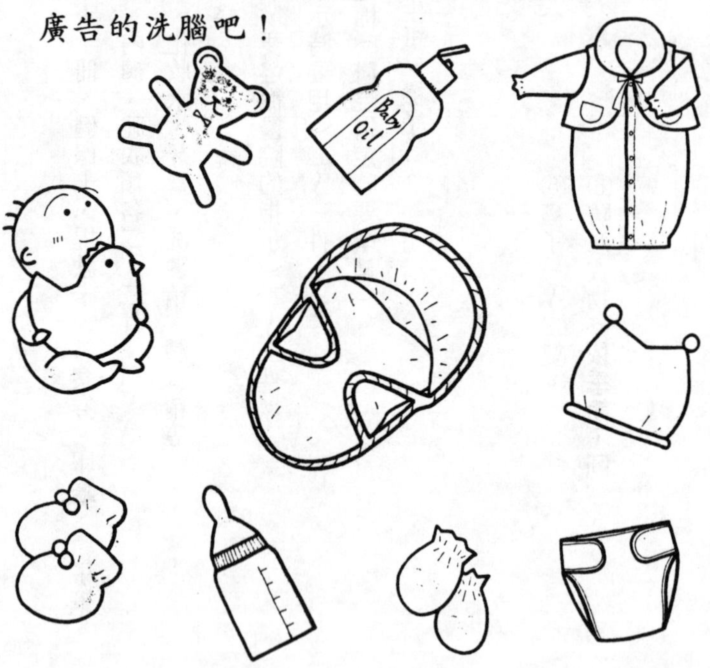

檢查表

衣物

□布尿布	二十組左右
□紙尿布	新生兒用一包
□尿布兜	三～五件
□長內衣	一～二件
□短內衣	二～三件
□連身衣	二～三件
□嬰兒服	二～三件
□罩衫	一～二件
□包巾	一～二件
□帽子	一頂
□襪子	二～三雙
□手套	一組
□口水布	三～四件
□外出服	一件

衛生用品

□嬰兒浴盆	一個
□床單	一件
□洗臉盆	一個
□沐浴巾	二條
□沐浴劑	一個
□嬰兒肥皂	一個
□嬰兒爽身粉	一罐
□嬰兒油	一瓶
□棉花棒	一盒
□嬰兒用指甲刀	一支
□尿布墊	一包
□濕紙巾	一包
□擦拭臀部紙巾	一包
□消毒劑	一個

授乳用品

□奶瓶	三～四個
□奶嘴	三～四個
□奶瓶刷	一個
□奶瓶用洗劑	一個
□夾瓶器	一個
□消毒容器	一個
□奶粉計量器	一個
□奶粉保溫箱	一個

雜　貨

□洗濯尿布用水桶　一個
□尿布用洗劑　一個
□曬尿布架　一個
□暖水袋　一個
□體重計　一個
□兒童用體溫計　一個

嬰兒寢具

□墊被　一床
□蓋被　一床
□貼身蓋被　一床
□毛毯　一件
□毛巾被　一條
□墊子　二床

□床單　二件
□棉被套　二件
□毛毯被套　二件
□枕頭　一個

家　俱

□嬰兒床　一個
□床墊　一個
□嬰兒櫥櫃　一個
□搖籃　一個
□整理籃　一個

外出用品

□背帶　一個
□背包　一個

□嬰兒車　一部
□嬰兒籃　一個
□嬰兒坐椅（車上用）　一個

備齊上述的物品，需要花很多錢。像紙尿布等消耗品要不斷地補充。

等到孩子半歲或一歲大時，就需要新的衣物，而且在滿月、滿週歲時也需要花錢。

嬰兒用品儘量向親朋好友借用。但「紅包」需要還禮，向人借用東西也需要買禮物致謝。尤其借用品「不能弄髒、不能毀損」，也有這樣的壓力存在。

到跳蚤市場購買

嬰兒用品在嬰兒成長後，就會成為「占空間的東西」。

可以到跳蚤市場或交換會購買，有時可以買到好東西。

可以用半額以下或十分之一以內的價格買到必需品。

可購買價格較便宜的牌子

即使是大型廠商或嬰兒用品的連鎖店、量販店，也會販賣自家公司所開發的一些廉價商品。像紙尿布、衣物、寢具、家具等，可能價格比一般物品便宜。

也許妻子會抱怨「設計得很難看」，或是「沒有輪子」，但剛出生嬰兒的用品，不一定要設計巧妙或附有輪子。

像梳子、刷子、毛巾等「嬰兒用品」非常多。有時不必使用「嬰兒專用」的製品。例如肥皂類，只要是無香料、低香料或低刺激性的產品，與大人使用相同的東西也無妨。一些廣告文字「對嬰兒肌膚溫和，嬰兒專用的○○」當然會吸引母親。或「有可愛的輪子」，或是「時髦的品牌」等，會令母親滿足。

購買這些東西必須適可而止。可以利用浴巾代替包巾。口水布也可以利用紗布手帕代替。雙手靈巧的女性（男性也是如此），可以自己做點衣物，價格更為便宜。

放入尿布或奶瓶的背包，選擇內側鋪有塑膠布的大型背包較好。不論在色澤或圖案上，男性也可以背的背包比較少，因為男性通常都是提著行李走……。如果內側有塑膠布且較輕，也許裡面還可以放照相機呢！袋子比較多的製品用起來較方便，只是缺少「時髦品牌」的標誌而已。

12 培養成為「父親」的自覺

■參加準媽媽教室

衛生所等機構會安排妊娠健康管理、生產知識、育兒技巧的「準媽媽教室」及「準父母教室」，或「準爸爸教室」課程。

一次上課二小時左右，課程約三～四回。準爸爸教室大多只上一～二次課。可以向衛生所詢問詳細內容。

課程通常是免費的。在妻子妊娠後期時，父親也要積極地參加。「準爸爸教室」或「準父母教室」的課程較少。但是「父親」參與生產、育兒教育是非常必須的。

所以，夫妻要一起參加準媽媽教室的課程。

——如此一來你才能成為好丈夫。

真的想參與盛會時

醫院可能會開設準媽媽教室，除了一般的妊娠講座外，有時還包括分娩室、新生兒室的觀摩教學在內。

如果是丈夫要參與盛會的生產，或是一起進行「拉瑪茲呼吸法」時，在同意丈夫參與生產的醫院中，也有為丈夫舉辦的講習會。

如果你想要「參與生產」，或是蒞臨「從陣痛到分娩」的過程，就必須學習「呼吸法」。

但是有的醫院卻表示，「丈夫可以參與生產，但請到別的機構參加講習」。

在新生兒用品的廠商或零售店，大多會開設「講習會」或「演講會」，此外，還有由社會事業團體贊助的講習會。

聘請專家進行孕婦體操或孕婦營養學的講座，甚至還有一些牛奶的試用品或紙尿布等「禮物」。

抱持覺悟之心

我想，真正「想參加準媽媽教室」的父親應該是很少吧！「準媽媽教室」通常在白天舉行，因此必須向公司請假才能參加。

一大群孕婦中，大概只有一、二位的丈夫參與其中，會形成異樣感。「妊娠中的生理衛生」、「乳房的護理」等令人難為情的話題，因此有的孕婦不喜歡有他人的丈夫參與其中。

雖然是參與妻子的生產，但是「覺得不舒服」，或是「中途離開教室」的男人也很多。

參加準媽媽教室，想像「分娩」的場面根本不算什麼。等到真正蒞臨生產現場時，打擊才真的很大。

事前看錄影帶而「了解一切」，最後不敢參與生產過程的男人還是很多。

要不要先知道洗澡和換尿布法？

對於女性而言，參與準媽媽教室非常重要。不只是吸收知識，同時也能「結交」朋友。認識同樣即將生產的人，互相交換情報、發發牢騷，非常的好。

準媽媽教室的課程中，對於男人最有幫助的就是「沐浴指導」及「換尿布指導」。可利用人形娃娃學習為新生兒洗澡或換尿布。

妻子生產後，很多的丈夫會說：「我會為寶寶洗澡」，或是「我會換尿布喔！」但事實上，要抱著剛出生的嬰兒洗澡是很可怕的事情。

談到換尿布，如果是紙尿布較容易，如果是布尿布，不知道包尿布的方法可就糟糕了。

當然，如果你堅持「我絕對不會做這些事情的」，如果環境許可，你這麼做也無妨。

實際學習的事項

妻子在生產前一～二週，有時在前一個月就要住院。很早回到娘家的孕婦也不少。

但是，你不要光是高興「回到單身時代」。

自己一個人生活可能是「自由舒適的單身生活」，但也可能是「不自由的生活」。

為避免到時慌了手腳，日常生活的有關事項必須事先學習，對男性而言，這也是重要的「準爸爸教室」。

你知道丟垃圾的時間嗎？

以往妻子做的事情中，最麻煩的就是和鄰居相處的事情。

「你知道丟垃圾的時間嗎？」「你知道垃圾分類的方法嗎？」

有時候也會輪到你「打掃垃圾收集場」。

如果自宅輪到打掃垃圾收集場時，垃圾車走了之後，假若不好好地打掃，恐怕會令附近鄰居「捏鼻皺眉」。

「我是上班族，沒有辦法打掃呀！」如果是這種情形，最好去找社區自治委員會商量。

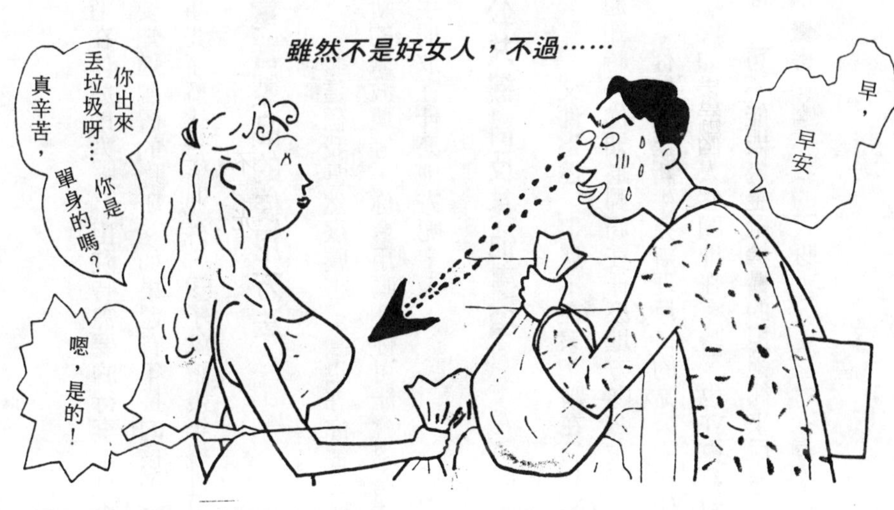

和鄰居的交往及物品收藏

有時看看公佈欄，要繳交一些公共基金。但是如果你不知道別人住在哪裡可就糟了。

此外，有的地方雖然不用輪流打掃垃圾場，可是卻有決定好的清掃習慣。例如「昨天是○○家清掃樓梯，今天該輪到我們家了」，這種情形非常多。

這又比輪流清理垃圾場更為重要。

如果是單身貴族所租用的公寓或大廈，或是公司職員居住的員工宿舍，也許你可以說：「這些事情我不管」，但是結婚後住在社區或公寓大廈中，和鄰居的交往非常麻煩，以上細節一定要事先向妻子請教。

存摺、印鑑、各種證書、衛生紙、洗劑、食品的擱置場所等，如果不問妻子，可能不知道在什麼地方。「出院時需要的行李」是否已經備齊了呢?雖然是由妻子準備，但是你一定要知道擱置的場所。如果還有年長的孩子，對於學校或幼稚園、托兒所「聯絡簿」，也必須事先了解才行。此外，孩子就讀幾年幾班、級任老師的名字，也要記清楚。

電器製品的使用方法

「這個我當然很厲害了」也許你會這麼說。但是結婚後才買的全自動洗衣機或吸塵器、新的微波爐等，你會用嗎?你可能會認為「看使用手冊」就知道了，可是也許你不知道使用手冊放在什麼地方呢……。

公共機構及其他事項

「文件寄達，但您不在家。請在○月×日之前，到下記郵局領取郵件」——收到這樣的通知時，你知道郵局在什麼地方嗎?

你知道為新生兒辦理戶口的區公所在什麼地方嗎?

如果一個人悠閒地在家時，也許會看到電話費、電費、瓦斯費、信用卡費用等的繳費單。「可不能成為金融機構的拒絕往來戶喔!」你知道到哪裡繳費嗎?也許這一大堆瑣事會讓你覺得「啊，我的天呀!」

■孕婦的粗暴‧男人必須注意的事項 III

孕婦和男性的「準媽媽教室」

◇「男性也到這兒來嗎？」衛生所的人嘲笑我。的確，只有我一個男性到這兒來。

◇參加醫院舉辦的「準父母教室」的年輕男性，極力主張「生產時夫妻要共同作業」。我也同意這一點，但我認為共同作業只要在「做」的時候努力就夠了。

◇參加「拉瑪茲法」的講習會。為了預防萬一而必須學習，但我並不希望在人前做這種呼吸法。

◇在我的面前擺一個洋娃娃，叫我們練習包尿布的方法。講師對我們說：「要面露微笑喔！」我看你還是放一些幼兒錄影帶給我們看吧！

◇醫院建議我們要「唱歌生產」。唱什麼歌都可以，於是妻子叫我和她一起唱「寶寶、寶寶，快出來」。

◇與其考慮安產的問題，還不如想一想例如大地震，整個家都毀壞了，被埋在家中的情形。這樣該怎麼辦才好呢？

孕婦「生產之前」

◇「啊！動了、動了，你摸摸看。把耳朵貼在肚子上聽聽看。」但是即使摸摸看或把耳朵貼在肚子上都沒有感覺。「很感動吧！」老實說我一點都不感動。

◇妻子突然說：「我想在自宅生產！」可能是看了孕婦書上的『令人感動的自然生產』的報導而想這麼做吧。想這麼做就讓她這麼做好了。的確，以前的母親都是在自宅生產呀。但是，以前的父親既不「參加」也不「幫忙」。

◇妻子說：「在歐美地區，爸爸一起參與生產的例子很多喔！」這樣的話妳乾脆和美國人結婚算了。

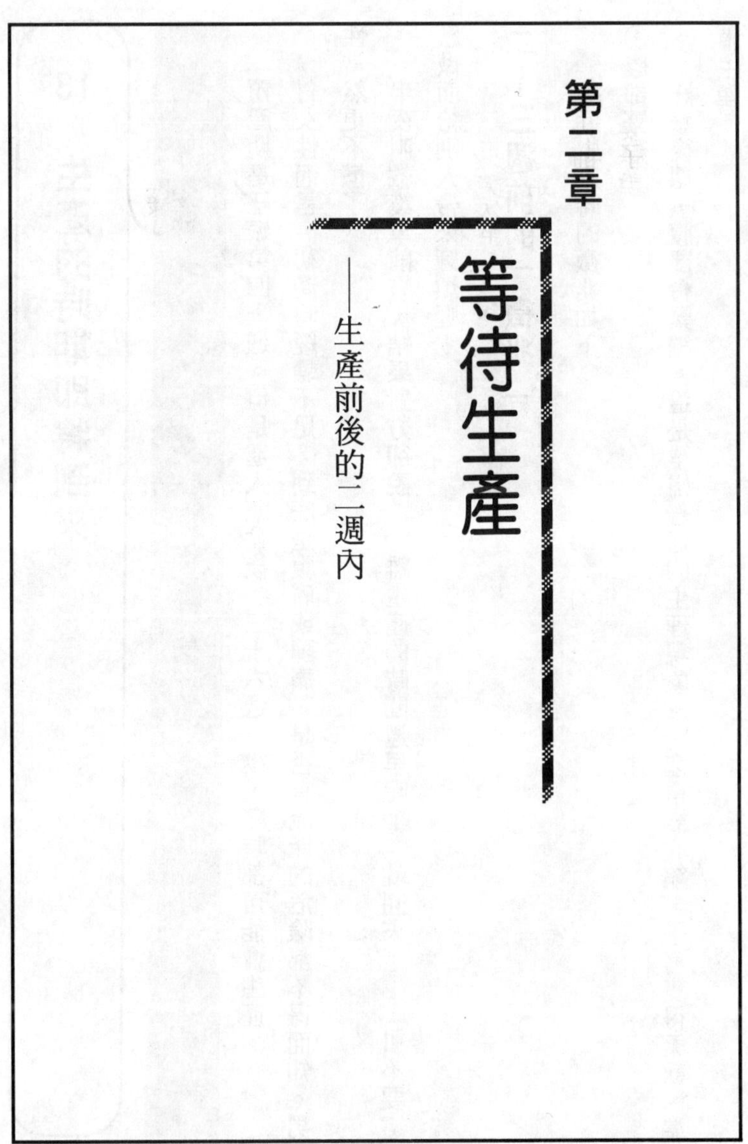

第二章 等待生產

——生產前後的二週內

13 生產的時期即將到來

為避免手腳慌亂，要知道「前兆」

預產期是妊娠第四十週。但是進入臨盆後（三十六週）後，隨時都可能會生產。對女性而言，初產時經驗不足，到底是腹痛或陣痛、是否有流產的危險都不得而知。男性當然更不懂了。

半夜叫救護車前來，結果對方卻說：「離生產的時間還早呢！」就回來了——可不要這麼做而給別人帶來麻煩喔！

二～三週前的「徵兆」

接近生產時的徵兆如下：

①腹部緊繃

妊娠後期，腹部會緊繃。這是孕婦普通的生理現象。子宮重複收縮，子宮變得柔軟、準備生產。

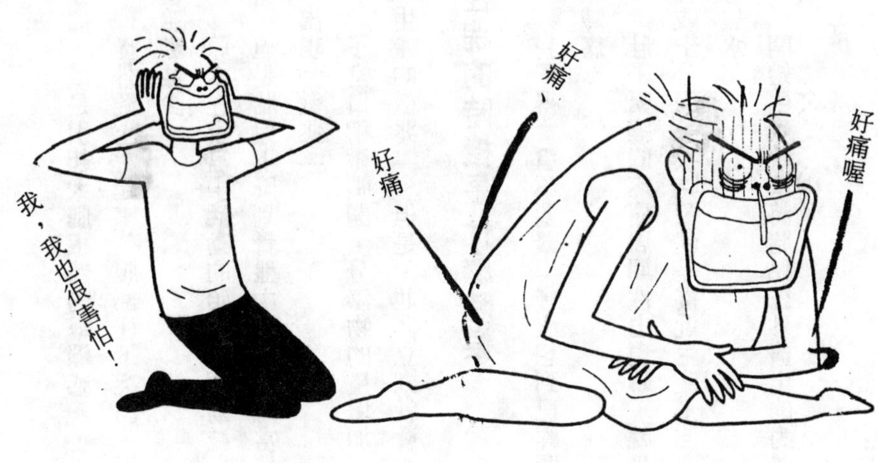

②腹痛出現

腹部緊繃時，有時伴隨疼痛。躺下稍微休息後，如果沒有問題，就不必擔心。

如果每隔十～十五分鐘出現週期性的疼痛，則為「陣痛」，表示接近生產期了。

③胃的壓迫感消失

進入妊娠末期，胎頭下降，進入骨盤中，以往壓迫胃的子宮全部下降，使得原本沈重的胃變得清爽，一次可以容納很多食物。

④排尿次數接近

以往受到壓迫的胃開放，變得輕鬆以後，子宮的影響波及膀胱和腸，造成其他影響。

上廁所的間隔時間縮短，產生殘尿感，引起嚴重的便秘。

⑤腰和大腿根部疼痛

胎頭下降，壓迫到周邊的神經時，會引起

腰痛，或是引起大腿根部的緊繃感。

從外觀上看起來，腹部往下突出，更難走路了。有的孕婦會出現「小腿肚抽筋」的情形。

⑥胎動減少

原本在子宮中活動的胎兒的活動減少了。「寶寶沒有元氣了」，有的孕婦會因此感到不安，但是胎兒下降到骨盤中，活動力當然會減少，因此不用擔心。

⑦出現「徵兆」

子宮口稍微張開，分泌物的量增加。有時混有血液（看起來像是茶色的）古代人稱其為「生產的徵兆」。但是，並非立刻就會生產。有的孕婦沒有這種徵兆。

住院的時機是什麽時候

我覺得「還不要緊」，沒想到已經開始生產了。出現以下訊息時，就要前往醫院。

①陣痛

肚子緊繃的疼痛周期性出現時，就是「陣痛」。其間隔開始時為二十～三十分鐘。慢慢變成十分鐘一次時，就是接近生產了。

②破水

開始生產時，將胎兒往外擠出的力量增強，卵膜破裂、羊水流出。

卵膜就是包住子宮內羊水的膜。有時沒有出現陣痛就破水，稱為「前期破水」。前期破水時陣痛也開始，生產即將來臨。如果突然有溫水流出，為了防止細菌感染，不要清洗或淋浴，應墊上生理用衛生棉，趕緊到醫院。

■生產前的期待與不安

如果生過十或十五個孩子的母親當然不在乎。但是初產的孕婦會感到不安。這時丈夫不可以和妻子一起焦慮不安，但也不能說：「反正又不是我生產」而完全不管。發現即將生產或發生意外時，一定要溫柔冷靜地判斷。

「早產」時

預產期是從妊娠前最後一次月經的第一天開始，第四十週第〇日時。從三十七週到四十一週的生產是正期產（滿產期）——不會太早也不太遲，是普通的生產。因此，以預產期為主，前後二週內的生產是「普通的生產」。

三十六週以前沒有陣痛卻有破水，這是生產的徵兆。此外，出現出血或週期性腹痛時，要趕緊用車子將孕婦安靜地送往醫院。

三十六週之前的生產稱為「早產」。過了三十週後平安生下嬰兒的機率很高。在此之前要接受醫師的治療，讓胎兒儘量再靜養一陣子，如果能安靜地休養就能避免流產。

過了「預產期」

過了預產期還沒有生產，在二週以內時沒有問題。

但是，過了二週以上稱為過期產（晚產期）。胎盤機能減退，對胎兒會造成影響。胎盤的壽命終結，很難再給胎兒足夠的營養和氧氣。

如果罹患糖尿病等宿疾時，胎盤更容易迅速衰弱。

判斷會對胎兒造成危險時，就要以人工的方式引起陣痛促使生產，或用剖腹的方式生產。

「倒產」時

胎兒通常是頭朝下在子宮中成長。因此，應該是由頭部先生出來。但有三十％的胎兒頭朝上，腳或臀部朝下，這就是所謂的「倒產（也稱為骨盤位）」。

妊娠三十週以前，就算是倒產也不要緊，因為大多在生產前恢復為正常的位置。如果實際上是倒產——由腳或臀部先生出來——這些孩子的出生機率只有五％以下。

沒有能特別防止倒產或加以治療的方法。但如圖所示利用胸膝位或拱橋的姿勢可調整。但是，如果出現腹部或腹部膨脹等症狀時，要立刻停止。

如果生下倒產兒，以目前國內醫學而言不用擔心。可利用剖腹的方式生產，但最好採用自然分娩法。即使使用剖腹生產法，對母子而言都不會造成生命的危險。

但陣痛之前破水的「前期破水」可能導致流產的危險。因此，一旦破水出現時，要進行前述的處置，趕緊到醫院去。

「雙胞胎」

雙胞胎的生產非常痲煩，但不會造成很大的危險。

當頭一個胎兒生出來後，子宮口充分張開，另一個胎兒就能較輕鬆地生下。

此外，大部份的雙胞胎身體不會很大，所以能夠輕鬆地生產。如果先生出來的胎兒是倒產兒，就必須進行剖腹產。

個人經驗談

我的那個時候

向公司請假三週的「愛妻家」

E・W先生・29歲　在專門商社工作・妻子28歲

為了能從容地處理緊急狀況，在妻子預產期前後各一週，取得二週的休假。因為我沒有辦法調職，而住家附近又沒有妻子的親朋好友，因此還是要小心一點。

雖然上司和前輩們嘲笑我，但是將近五十歲的部長卻說：「既然妻子要生產了，你就向公司請假吧！」

可是，過了預產期一週，卻沒有生產的跡象出現。好不容易終於出現了「徵兆」。妻子說：「還是到醫院比較好。」於是在星期一早上到醫院去。

雖然我必須趕到公司，但還是先用車子載妻子前往醫院。結果醫院的人卻說：「還有三、四天呢！」叫我們回家。雖然告訴院方想要住院，可是卻沒有空床位。我不又忍心將妻子丟在大廈中，結果只好再延長一週的休假……。

公司同事都嘲笑我是「愛妻家」或是「怕老婆的男人」。

「丈夫」、「父親」被視為外人

A・N先生・29歲　新聞記者・妻子24歲

妻子在娘家生產。她是住在某縣的鄉下，我在東京工作。她是當我在某縣分公司任職時認識的。

半夜接到電話，是妻子的姐姐打電話來的。「小孩生下來了，是個男孩。」

我根本不知道妻子已經生產了，而且也不知道她二天前就住院了。只是告訴我：「孩子已經生下來了。」

「你工作很忙，這些事情全都交給我們來做吧！」她對我這麼說。的確，妻子回去後我不曾看過她，真是非常諷刺的事。

現在，妻子娘家的兄弟姐妹都聚集在那兒，好像要開宴會似的。

我並不是特別想成為她們家中的一員，那並不是很愉快的事情。

那兒原本就是封閉的地方，我畢竟是個外人。我雖然不想和他們說，但老實說，我還是不喜歡這種鄉下地方。

只有我慌慌張張的

T・T先生・28歲　在機械銷售公司服務・妻子27歲

在預產期二週前突然陣痛。星期一下午出現生產徵兆，當時我還在客戶那兒。妻子自己叫了計程車趕緊住院，然後打電話到公司，要公司的人告訴我「她已經住院了」。我過了兩個小時後才知道這件事。上司說：「你趕緊趕過去吧！」慌慌張張到達醫院時，護士們笑著說：「已經不要緊了。」妻子原本就很堅強，沒想到初產時她也非常地鎮靜。使我不禁想：「難道她以前生過孩子嗎？……」

「按照預定時間」生產

R・Y先生・28歲　在藥品廠工作・妻子26歲

因為工作關係，經常在外面。而妻子說：「希望隨時都能聯絡到你。」於是我加入大哥大族。星期四的晚上開始陣痛，住進醫院，「明天就能生囉！」醫院的人這麼說。

聽說最好不要在星期六、星期天生產，因此有人會使用藥物在星期五讓孩子生下來。我曾聽說過這種事情，雖然沒有特別的抵抗感，可是仍有些不安。

結果，「按照預定的時間」，在星期五下午生產。行動電話似乎根本就不需要了。

會陰切開

所謂會陰是指陰道口到肛門之間的部份（如果男性則是陰囊到肛門之間）。初產時，當胎兒的頭出來時，為避免撕裂而採用會陰切開的方法。所謂會陰切開就是為了防止裂傷，而事先用剪刀將會陰部剪開三公分左右的方法。必須進行局部麻醉，大約會疼痛二天。在三～四天後拆線（因縫合時使用的線的不同，有時不需拆線），然後就不會感覺疼痛了。

鉗子分娩

用金屬器具夾住胎兒的頭，將其拉出的方法。在分娩時間拖得太長，對母體和胎兒造成不良影響時使用。可能會使胎兒的耳朵和下巴出現瘀青，但是一週內就會消失。

吸引分娩

與鉗子分娩同樣的情形，當分娩時間拖得太長時使用的方法。

利用碗形的器具吸住胎兒的頭，然後拉扯器具附帶的繩子，將胎兒拉出來。

在胎兒的頭上可能會留下瘤，但是一週內就會痊癒。

剖腹產

將孕婦的全身或下半身痲醉，切開下腹部，取出胎兒的方法。

基於某種理由，如果不緊急取出胎兒，可能會危及母體或胎兒的生命時，或是自然分娩、鉗子分娩、吸引分娩很難進行時，採用剖腹產的方式。

切開的傷口為十～十五公分左右。分為直切和橫切。

直切法出血較少，手術時間也較短；橫切法則傷口較不明顯。選擇哪一種切開法由醫生判斷。

據說剖腹產名稱的由來是因為凱薩大帝出生時就是採用這種方法。因此，認為歷代的帝王、國王並未考慮到母體的安全，而是優先考慮要平安無事地生下要繼承

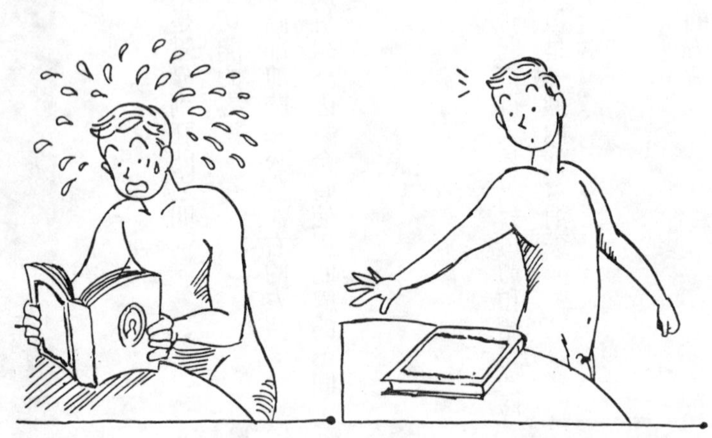

衣鉢的兒子，因此採用「儘早剖腹取出胎兒」的手段——也有這種傳說出現。

古代認為「一旦進行剖腹產後，第二次可能會造成難產」，或是「下一次生產時，不能利用剖腹產」。但是現在完全不需擔心這些問題了。

切記，到下一次生產前最好間隔三年。

剃毛與灌腸

生產用語中，所謂剃毛就是分娩前去除陰毛的意思。通常是在會陰切開之前進行的。

並不是完全剃光，所以不必擔心。只剃除下半部的陰毛，亦即外陰部周圍而已。

剃毛之後要進行灌腸。大腸內積存糞便時，會使產道受到壓迫，因此，必須灌腸擴充產道，使胎兒容易通過。況且，如果不先灌腸，可能在用力時會排出糞便。

因此，事實上也具有避免新生兒沾到糞便的理由。

14 妻子說：「希望你和我在一起。」

■參與生產的方式是好方法嗎？

根據調查，過半數的妻子希望丈夫參與生產。但是，真的想參與的丈夫只有三分之一而已。

女人的藉口、男人的藉口

妻子愛看的孕婦雜誌上說：「如果丈夫在身邊，就能夠放輕鬆」、「只要握住他的手，就感到安心」，像這類的「體驗談」經常出現。

當然，也看到一些參與生產的丈夫們的心聲。大多是「充滿感動」，或是「淚流滿面」，「妻子生產後真的非常美，使我更愛她了」——等等，會說出一些奉承的話。

任何孕婦看了這些報導後，腦海中勾勒的想法是……

「我真希望他在我生產時陪在身邊」。同時會認為「我的他如果參與生產，一定也會充滿這種感動」。

但是我想這一類雜誌絕對不會將「別開玩笑了，這種做法會令我不舒服」，或是「看到流了很多血，我真想吐」這一類男性的心聲刊載出來吧！

真的能參與盛會嗎？

丈夫是否參與生產，對妻子而言似乎是一種「丈夫是不是真的愛我」的測驗。認為願意加入的丈夫就是溫柔體貼的丈夫；不願意加入的丈夫就是冷酷無情的丈夫。

但是，也有真的想參與生產的男性。「好像自己擁有生產經驗似的，真的非常感動」，這一類的丈夫很多。此外，孩子誕生時能參與盛會，就能培養成為父親的自覺。有些心理學家認為，這個做法對於父親對子女的情愛有很大的影響。

但是，對於大多數的男性而言，他們的心聲應該是「……」。

一旦要參與生產時，必須先向服務的機構請假。「妻子生產時要請假，預產期是○月×日，但是不知何時生產」。

分娩有時需要二天的時間，所以「不知道要休假幾天」。

如果是自營業或自由的上班族就不要緊。公司職員就很難做到這一點了。

即使院方允許丈夫參與生產，但是必須事先參加「爸爸教室（父母教室）」，多加學習才行——因此，首先必須排出時間表，參加準爸爸教室的課程。

是否做好「看到血」的覺悟？

男性原本就不喜歡看到血，而出血的部位又正好是隱私的部位……。

在某場運動大賽中，女性選手褲子上沾滿了血，卻仍然拼命地奔跑。看到這種場面時，負責轉播的男性播報員卻啞口無言。看電視的男性也茫然地看著妻子。這時只好由女性解說者說：「○○選手體調有點不好。」

妻子說：「女性每個月都有月經來啊！我們就算出血也必須騎著腳踏車購物，或是爬樓梯呀！」

「一旦選擇拉瑪茲法，就必須要參與盛會了吧！」很多的丈夫和妻子都有這樣的想法。但是拉瑪茲法並未規定丈夫一定要參與，只要身邊有親人，能夠緩和孕婦的緊張，使其放鬆就可以了，這是拉瑪茲法的想法。

一旦緩和產婦的緊張，就能使生產變得輕鬆、縮短分娩時間。只要是親人，不是丈夫也不要緊。即使沒有人陪伴，也不見得不能實行拉瑪茲法。

如果丈夫很緊張，或是看到血感到驚慌失措，反而會使產婦更為緊張。尤其是對於生產的構造不具有知識的丈夫，反而會礙手礙腳的。但是，太過具有知識，甚至對醫生和護士的行為都加以干涉的丈夫，也是一大問題。

■到生產為止的過程

分娩第一期

每隔十分鐘出現陣痛時，就是分娩第一期。此時通常還沒有進入產房。只是在陣痛室中，腹部裝置分娩監視器，用以觀察子宮口張開的情形及胎兒的狀況。必須灌腸或剃毛，依情況不同，有時需接受營養劑的點滴注射。

陣痛間隔由十分鐘縮短為五～六分鐘、二～三分鐘時，每次疼痛的時間從三十秒，變成一分鐘、一分半鐘……，逐漸增長、增強。

陣痛的過程較緩和時，孕婦可小睡一下或吃點東西。這時還不要用力，用力反而會阻礙胎兒的活動。

孕婦如果大聲喊叫或過度緊張，到了真正生產時，會變得疲憊不堪。陣痛出現時，孕婦要藉著「嘻嘻呼」的呼吸法度過疼痛期。如果有陪伴者，可一起進行這個呼吸法。

丈夫可為妻子按摩疼痛處，或為妻子準備一些飲料，因為進行呼吸法時會口渴。大部份飲料都可以，但是柑橘類或碳酸系列的飲料，刺激太強，易引起嘔吐，因此要避免。

第一期的時間，初產為十～十二小時。子宮口全開，陣痛每隔一～二分鐘出現時，就要送入產房了。如果不是參與盛會的生產，丈夫的責任到此結束。丈夫一起進入產房時，則必須遵守醫護人員的指示，穿白衣、洗淨雙手後才進入產房。

分娩第二期

進入產房後，孕婦待在分娩台上。這時會出現破水，胎兒一邊旋轉一邊下降。配合陣痛用力，從會陰部可以看見胎頭的一部份。當陣痛停止時就看不見了，這就是所謂的「排臨」。

當醫護人員說：「看見了！」丈夫和妻子都會感動地「喔！」地一聲叫出來。陣痛停止了，仍然能看到胎頭時，稱為「發露」。這是陣痛達到最高峰，必要時要進行會陰切開。

從這個時候開始，即使不用力，胎兒也可以靠自己的力量出來。這時如果更換為短促的「哈、哈」呼吸法，不久後就會聽到很有元氣的產聲。頭部露出後，就能順利地滑出。初產的狀況，進入產室大約過了二～三小時就能生下孩子。

分娩第三期

剪斷胎兒和母體結合的臍帶。這時會再次出現較弱的陣痛，子宮收縮，推出不需要的胎盤。

從出生到娩出胎盤（稱為「後產」）為止，約費時三十分鐘。

胎盤娩出時會出血，子宮收縮的現象會自然停止。

孕婦在分娩台上靜躺二小時，檢查是否引起出血等問題。

面對面

剛出生的嬰兒用肺呼吸，會出現產聲。就好像是帶著血的柔軟生物一般。如果不是因為屬於自己的孩子，很難會產生「好可愛」的感情。

丈夫如果未參與生產，則無法和自己的子女立刻面對面。

首先要檢查健康狀態，由助產士為嬰兒洗澡。然後才說：「恭喜你，這是很有元氣的男（女）孩」。讓丈夫進入產房，和妻子、子女見面。

接下來，嬰兒送入新生兒室，檢查全身的狀態，並讓其睡眠。

（有的醫院不讓丈夫進入產房，而選擇新生兒室為骨肉見面的地方。）

■參與生產時要遵守禮儀

從前，歐洲王室會進行「確認」生產。

「這的確是從王妃的肚子裡生下的孩子」，為了當證人，貴族們（男性也包含在內）要一起進入產房。

場面真是非常壯觀。

甚至傳說因為這種情況，使得初次生產的瑪麗•愛德華王后昏倒。

「OK」的範圍各有不同

雖然某些醫院同意丈夫參與生產，但是到底到達何種程度，各醫院的規定不一。

・積極幫助生產

部份醫院或助產院，建議妻子進行分娩時，由丈夫支撐妻子的身體，一起進行呼吸法。

不只是丈夫，也可由親朋好友協助。

・允許

有些院所允許家屬攜帶相機或錄影器材進入，有些則拒絕。

・提出申請則允許

有時必須義務參加準爸爸教室的課程。

・部分允許

基本上不能參與生產，但在剪斷臍帶或生產後則允許拍照。

生產不是做秀

「參與盛會」並不是當見證人般，站在一旁就可以了。參與盛會的丈夫必須幫助產婦。

鼓勵妻子，握著她的手，和她一起進行「嘻嘻呼」的呼吸法。或是餵她喝點茶、喝點果汁——工作非常多。

即使被允許帶照相機或錄影器具進入，也必須在空閒時才能使用。

如果為了找角度而到處移動，可能會影響醫護人員工作，這點必須注意。

事先了解生產的過程

看到醫護人員的處置方式時，有的男性會問：「這是什麼啊？」「這些要做什麼？」「為什麼要這麼做呢？」問了一大堆問題，結果被醫生趕出去。

事先了解生產的過程，再參與生產較好。

看到妻子痛苦或出血的現象而手忙腳亂的話，還不如到外面等待。

「想要支持到最後」，但是卻在中途退出，或只看到孩子後就離開的人並不少。

如果是初次生產，從陣痛開始、子宮口張開，到孩子生下，剪斷臍帶為止，需費時十五小時以上。胎盤娩出後，到『一切都平安地結束』之前，要陪在妻子身邊，對她說：「妳辛苦了」，同時也不要忘記和醫護人員道謝。

了解醫院的基本禮儀

在醫院中，還有其他孕婦，也有因婦科疾病前往診療的女性。如果是醫生和自己的丈夫還不要緊，如果有陌生男性在附近徘徊，則會令人感覺不快。

此外，自己的孩子平安無事生下後，也不可以高興得昏了頭。

不要忘了周圍的人「也許無法平安地生下孩子」。

■ 向驕傲的「媽媽」說一句話 I

媽媽與男人的緊急事態

◇妻子把我從公司叫出來說：「好像…快生了」。帶她到醫院去，結果院方卻說：「還早呢！」把我們趕回來。第二天早上妻子又說：「快生了！」可是我們又被趕回來。到這天深夜——前後共三次。我在妻子分娩前因睡眠不足和過度疲勞而倒下。

◇妻子回家生產，岳父、岳母打電話對我說：「現在進入產房了。」令人難忘的十二月二十七日，深夜十一點。幹線道路塞車了百餘公里。於是我說：「我搭明天早上的飛機。」結果妻子的家人批評我「一點都不體貼」。冷靜想想，還是搭第二天的飛機去比較好。我這種冷靜的態度難道別人不喜歡嗎？

◇因為被工作絆住，到達醫院時，妻子已經生產了。不要抱怨，我這麼努力工作，就是為了妳和孩子啊！

◇當我說：「為什麼要參與生產啊？我辦不到耶，我的工作怎麼辦呢？」這時妻子就說：「這種不盡人情的公司，乾脆辭職算了。」如果真的向公司辭職，妻子可能又會說：「你可別做這種傻事喔！」說話反反覆覆的，真不知該怎麼做才好。

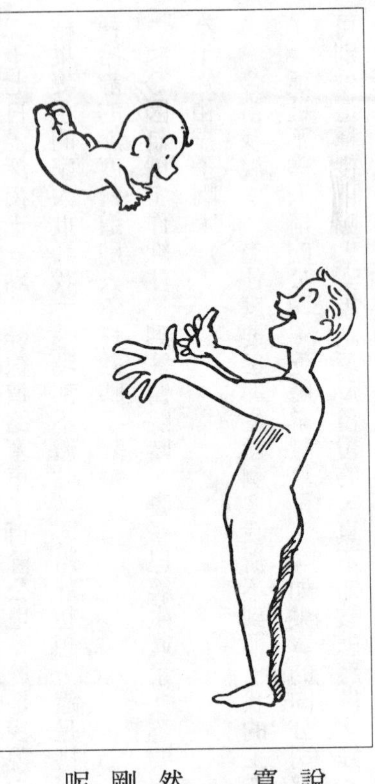

◇做愛之後，如果對妻子說：「生過孩子後，似乎有些寬鬆了。」

這時妻子如果回答：「雖然有點寬鬆，對你而言不是剛剛好嘛！」這真是一個好妻子呢！

媽媽和男性的產房

◇我拼命練習「嘻嘻呼」。真的想要帶領妳，但妳卻忽略這一點，拼命叫著「好痛啊！」結果就是，只要能放輕鬆，何必管它什麼呼吸法呢！

◇在星期天開始陣痛。我雖然不想參與盛會，也不得不前去……。「妳真的希望我陪在妳身邊嗎？妳不會覺得難為情嗎？」我這麼問妻子。妻子卻說：「難為情？為什麼呢？」我想妻子和母親畢竟是不同的。如果我是孕婦，我絕對不想讓別人看到我生產的情形。

◇看到孩子的瞬間，我哭了，非常感動。覺得很高興。好可愛呀！

◇當醫生問我：「你要剪斷臍帶嗎？」我咔嚓地剪斷臍帶。覺得感動嗎？不，我覺得有點怪怪的感觸……。

◇妻子趁著陣痛停止的時候休息。醫生說：「一定要擁有營養和睡眠」。在陣痛時待了十小時。我打電話給岳父、岳母，到蛋糕店去、到連鎖商店購物，打電話回公司……。「你到哪兒去啦？」等我回來時，妻子已經生下孩子了。

◇總之我記得自己一直忙著，好像記得自己一直摸著妻子的身體，不過詳細情形已經記不得了。

◇老人說：「在我們那個時代呀！妻子生產時，我們這些男人可是拼命地喝酒呢！」

當我問他：「你們真的很害怕嗎？」他說：「嗯！」

◇不能進入產房，去候診室等了八個小時。從傍晚五點等到第二天早晨四點。躺在椅子上睡著了。被護士叫醒，清醒時孩子已經出生了。現在已經過了一年，妻子還在抱怨「我當時那麼痛苦，你還睡著了……」

「媽媽」的孩子

◇想到自己的孩子，當然非常感動。妻子說：「呀……好可愛。」或說：「你看，像誰啊？」我最好不要多說話，現在我可是非常靈敏喔！

◇有時妻子會對我說：「你現在做爸爸了耶！」可是我一點都沒有做爸爸的感覺。

◇「眼角好像我，可是鼻子好像妳呀！還好是個美女。」可是我無法分辨自己的孩子和別人的孩子。

◇妻子是基督徒，而我沒有特別的信仰。所謂「洗禮」或「祝福」我根本都不懂。我的母親一定會將孩子帶到附近向天神參拜，所以我得趕緊為孩子添置新衣。

◇「手髒了不要摸孩子」，這是我的孩子耶！有我的精子才能有這個孩子呀！

◇「眼睛又大又亮，像我們家的人，可是頭髮那麼少像你們家的人……」好的全都是你們家的傳統，壞的全都是我們家的遺傳嗎？

●妊娠、生產記錄物品

不論任何人，「自己的孩子出生時」，的確是自己才知道的喜悅。結婚前，公司的同事或朋友生下頭一個孩子，拿嬰兒的照片給你看，或是話題總是圍繞著孩子身上打轉時，你可能覺得「啊！真煩人」，只能唯唯諾諾地附和著。

也許你會認為怎麼有這麼愚蠢的父母呢？可是現在輪到你自己了。就連平常非常認真嚴肅的男人，這時也可能會使用一些器材拍攝孩子的照片，或用攝影機錄下孩子成長的過程。

也許你認為懷孕、生產花了很多錢，怎麼還有錢買東西呢?!可是並非要你去購買昂貴的器材，例如照相機，單眼相機就可以了，或是用後即丟的相機也可以。並不是每天拍攝，也可以借用別人的攝影機。

必須想到的是，「不要後悔已遲」。孩子成長時的機會要把握，留下珍貴的紀念。一旦購買攝影機後，相信使用的機會會增加。因此應該要有計畫地購買較好。出生後的成長記錄，以及妊娠到生產的期間也必須記錄下來。留在記錄中的，除了嬰兒還有母親。

像腹部的變化，要定期地拍照留念。相信這樣的媽媽非常多。

（這麼做也可做為需要減肥之媽媽的參考標準）丈夫也可以從背後抱住妻子拍張照片。

說到這兒也許你會微笑地同意，但是如果妻子提出「我想拍一張懷孕的裸照」，不知道你有什麼想法。不過，客觀的說如果漂亮應該沒問題。的確如此，擁有孩子的女人具有各種魅力。具有特殊的美感。不過裸照畢竟是裸照，有時可能會被別人看見，你能忍受這一點嗎？如果是我的妻子，我一定會說服她不要太早做這種決定。

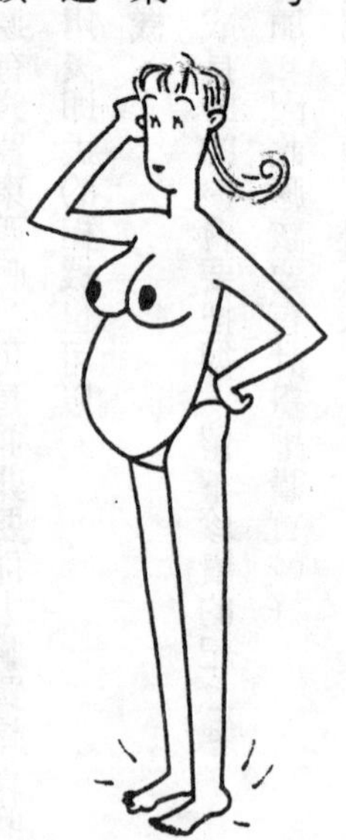

想要拍攝生產的情形，必須事先選擇允許拍攝的醫院，或是在自宅做好生產的準備。

想將孩子的產聲錄下來時，也要選擇不會影響醫護人員的錄音法。

並不是說絕對不會產生問題，一定要仔細檢討後再決定。如此一來，家中一定堆滿了錄影帶和照片。隨著孩子成長，這些東西會不斷地增加，可能很難整理，雖然麻煩，但是一旦開始後就會沈迷其中。

到了這個時候，你就真的有了父親的自覺。

嬰兒誕生紀念物品
用嬰兒的胎毛
做成胎毛筆
連這麼好的東西都有
嬰兒的筆
嬰兒的誕生石
做成項鍊送給媽媽
我來做的話
有點奇怪
爸爸
謝謝你
嬰兒手鍊
什麼呀
這是…
嬰兒手鍊
上面刻著姓
名、出生年
月日、血型
1995・10・12
填入出生時
體重的照片
身高、體重、胸圍
、頭圍、血型、出
生時間都記錄下來

15 爸爸真辛苦

■出院後對母親及嬰兒的照顧

生產後的妻子是「女人」不是「女性」，是「母親」，是「媽媽」。

餵母乳時，妻子出神的表情……。這是母子之間的世界，是男人無法介入的世界。

但是，卻需要爸爸精神、肉體的支持。

出院這一天是好的開始

即使無法參與妻子的分娩過程，住院中也只能偶爾見到妻子，這也是無可奈何的事情。

但是出院這一天，一切都必須是好的開始。

這是嬰兒第一次呼吸外界空氣的日子，是特別的日子。

妻子的體調也沒有完全恢復，丈夫必須要負責拿行李和開車。

如果是健康的母親，也許可以自己抱著嬰兒回家。

不論任何女人，一定希望出院回家時是爸爸、媽媽及嬰兒一起行動。

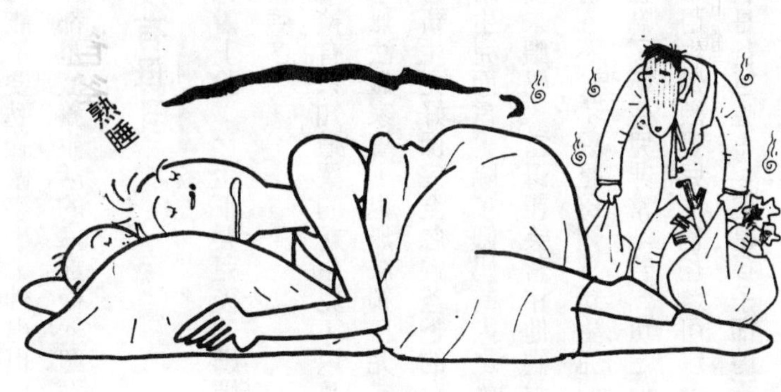

醫護人員一定會說：「真是好丈夫啊！」笑著送他們離去。

對妻子而言，這就好像結婚典禮一樣盛大莊嚴。也許會對疲憊的丈夫說：「孩子可不可愛呀？你想不想我呀？」產生這些不信任感。

讓妻子努力「靜養」

出院後一個月內，妻子必須適應不習慣的育兒工作，而且要照顧自己的身體。

根據育兒書的說法，這個時期的媽媽「應該由丈夫幫忙她洗頭髮」、「盡可能和嬰兒一起午睡」，或是「購物工作盡可能交給丈夫」。

除了照顧嬰兒外，一切事情都要放輕鬆。

出院後二週內能夠收拾被子，累的時候就儘量躺下休息。也可以開始洗尿布了。（在此之前由誰洗呢？）

盡可能不要勉強做家事，外出也只能到附近，不要從事長時間站立的工作，也不要拿重物。這些都是療養生活的一部份。照顧嬰兒當然非常辛苦，所以盡可能請丈夫和家人幫忙。

男人沒有母乳

育兒書上說：「生下嬰兒後，媽媽非常地辛苦，這時爸爸的責任很重大。」但是丈夫不也很辛苦嗎？

同時擁有只知道哭的新生兒，以及好像半病人的妻子，丈夫當然很疲累。妻子無法做家事，也無法獨自完成育兒工作。丈夫自己也還有手邊的工作要做呢！

而且新生兒好像完全忽視爸爸的存在。

對新生兒而言，除了餵奶的人之外，對任何人都不表關心。

即使未餵奶，當母親笑著和他們說話時，他們也會產生反應。因應在胎內已經聽慣了母親的聲音。不，不只是母親，新生兒似乎較喜歡女性的聲音，而非男性的聲音。

爸爸為了新生兒非常辛苦，可是似乎連附近鄰居都不知道這一點呢！

如果用牛奶餵嬰兒，爸爸還可以盡一份心力。爸爸可能會爲孩子換尿布，也許你想對他說：「我是爸爸喔！」但是孩子卻聽不懂。

爸爸真悲哀……。

■「不能不理會」產後妻子的心情

晚上回家後聽到孩子的哭聲，但是房間卻一片黑暗。慌忙打開燈，看到妻子蓋著被子啜泣著。

——這種情形並非戲劇表演，而是真實的狀況。

母親憂鬱

沒有特別的原因，產後的女性會變得焦躁或流淚、無法成眠、心情鬱悶，這就是所謂「母親憂鬱」。

將近半數的母親，從生產後第二天開始，到二個月左右的時期會出現這種症狀。一般說法是「雖具有程度差，但大部份母親都有這樣的經驗」。

更嚴重的情形是，即使餵小孩吃奶和換尿布，但是「做得很好，嬰兒卻不舒服，是不是生病了呢！」感覺不安，覺得自己無法照顧嬰兒。

「我什麽都做不好！」因此把整個房間弄暗，蓋著被子哭泣——。

更嚴重的情形是想自殺，或是危及嬰兒的生命。

不要要求完美

哪一種情況的人呢？為何會出現這種狀況呢？結果不得而知。「因為生產而使荷爾蒙失調，對於身心穩定造成影響」，或是「生產時肉體、精神皀疲累」，或是「對於今後的育兒工作不安」等，可能都有關係。

原本就屬於神經質的人，或完美主義者，或是任性的女性，較容易出現這種情形。「不像育兒書中所說的」，或是「沒有母乳」，或是「不想讓孩子吃母乳（牛奶）」，這些想法會使母親漸漸失去信心。

對象並不是機器而是嬰兒。育兒工作就算不像自己所想的順利進行，也不能太要求完美。

尤其是獨自照顧新生兒的母親，能夠商量的對象只有育兒書。如果參加嬰兒檢診，和其他孩子相比，可能會覺得「體重太輕了」，或是「哭泣的方式怪怪的」，而感覺不安。

如果母親或姐姐、朋友在身邊，有育兒經驗者陪同，也許就不會發生這種情形。婆婆如果說：「不要讓我覺得妳沒有資格當母親」，恐怕會加重妻子的症狀。

妻子會「憂鬱」

如果妻子陷入憂鬱狀況，或為了防止這種狀況出現，丈夫必須注意以下事項：

①儘早回家，照顧嬰兒、做家事。即使未幫忙，待在旁邊就是一種藥劑。
②聆聽妻子的牢騷或任何話。
③嬰兒夜晚哭泣，也不要責怪妻子。
④妻子未做家事，也不可抱怨。
⑤看到妻子因為工作、家事和育兒而疲累時，短期間內可請佣人、褓姆或委託相關單位照顧，或是捨棄使用布尿布，改用紙尿布。
⑥請求衛生所等相關單位進行「新生兒訪問」。
⑦對於妻子利用電話長聊消除壓力的方法，不要發牢騷。
⑧偶爾將孩子交給別人，夫妻倆到外面轉換心情。
⑨覺得妻子的狀況「異常」時，要建議她接受醫生的診斷。

憂鬱是一種暫時的症狀，三個月內就能自然消失。

但是，不可以認為「這不是疾病，沒什麼關係」，而放任不管。也不要拼命鼓勵妻子一定要振作起來，這樣可能會把妻子逼向絕路。

■產後妻子身體的秘密

生下孩子後，妻子的身體並不是非常舒暢。

妊娠中身體的變化，需一～二個月的時間復元（稱為「產褥期」）。子宮需要花很多時間慢慢地收縮，也有分泌物出現（這個時期攙有血液、粘液的分泌物稱為「惡露」）。陰道和陰部在生產時留下傷口。骨盤內的韌帶拉長，背骨和腰疼痛。

生下孩子的女性充滿光輝嗎……？

外觀上和孕婦完全相同，甚至比妊娠前重十公斤左右。臉部浮腫，乳房腫脹、下垂、腹部鬆弛、妊娠紋非常明顯。肌膚和頭髮乾燥，有斑點和雀斑。

但是卻有人說：「女人生孩子後最美麗」，也就是因為「成為母親，擁有自信與驕傲，而散發出女性的內在美」。因此只要看她的內在美就夠了。

夜晚的「二人生活」

產後一個月後，醫生會說：「過普通的生活也不要緊了。」

所謂普通的生活，當然指的是性行為。

女人在生產後不久，可能並不想要進行性行為。「經過痛苦的懷孕、生產後，還要我做這件事，別開玩笑了」，或是「忙著照顧孩子，根本無暇顧及其他」。也許一個月左右還會拒絕。

如果會陰部切開，也擔心會不會造成傷口裂傷」（拆線時傷口已痊癒，不用擔心裂傷）。

猴子和大猩猩的情形是，剛生下小猴的母猴也會遠離公猴。可能是母性的本能「要保護剛生產後，自己的身體」吧。

男性在女性惡露出現時，也會產生一種抵抗感。

惡露消失約需過了三週後。女性性器的腫脹在第四週也會消失，所以醫生會說：「一個月後可進行性行為。」

「疼痛、恐懼、不安」的處女

產後陰道會變得鬆弛，在一～二個月內會恢復原狀。只有一點微妙的差距，因此並不如丈夫所說的「變鬆弛了」。

反而是有很多妻子說：「做愛時會感覺疼痛。」

分泌母乳時，受到荷爾蒙分泌的影響，陰道的滋潤較少。而且會陰切開後產生一種違和感，可能會因為疼痛而使身體拒絕男性。

「疼痛、恐懼、不安」，就好像處女一樣。

「不需要避孕」是謊言

剛生下孩子的女性不容易懷孕，尤其是授乳期，據說不會懷孕。

這是因為授乳中，抑制排卵的荷爾蒙分泌所致。

在這個期間沒有生理期的母親也很多，的確不容易懷孕。

但是，排卵是在生理期前，即使尚未再度出現生理期，也有排卵的可能性。

所以如果不小心「命中」時，可能妻子的生理期還沒來，又懷孕了。「長子九月出生，次子次年八月出生，結果二人唸同一個年級」，這樣的情形也會出現。

16 男性可以坦然取得育兒假

我也想專心育兒，可是……

我不該把育兒工作交給妻子獨自去做。不只是妻子，我也想做，所以，我也應該有育兒休假呀！

公司不能拒絕

根據育兒假相關法律規定，嬰兒滿一歲之前，不論男女，受雇用者都可取得育兒假。如果你向上司提出申請，「請適用育兒休假制度，准許休假一年」，公司不能拒絕你或因而辭退你。

申請時期原則上在一個月前。每一個孩子僅限於一次有效。

事實上，有的公司會主動給男性「育兒休假」。例如，某位電視播報員就說：「我因為取得育兒休假要暫時告別螢幕……」

像這種特意在新聞傳播媒體報導的情形很罕見吧！

你可以嘗試請假一、二個月，但如果時間長達半年、一年時，也許公司裡會陷入恐慌狀態呢！

制度是制度，實情是實情

請假中的薪資和保險的問題，應該由勞基法決定，可詢問就業規則法相關單位。

通常，「請假時沒有薪資」，即使有也很少。

法律中也沒有規定應該「支付請假時的薪資」。

大部份公司的情況是，「生過孩子的女人就算不回來工作也無妨」，男性取得育兒休假制，也有很多公司不同意這種作法。

如果育兒休假的時間過長，恐怕復職後的職務會有所調動。

收入為現在的四分之一

取得休假卻沒有薪資，這是不對的作法。

根據「雇用保險」規定，育兒休假終了六個月後，雇主應支付休假期間薪資的五％。

根據保險制度的規定非常詳盡。休假時要支付二五％的薪資，但不是一次完全支付。

例如，育兒休假開始前的薪資為二十萬日幣的人，在休假的十個月內，每個月可支領四

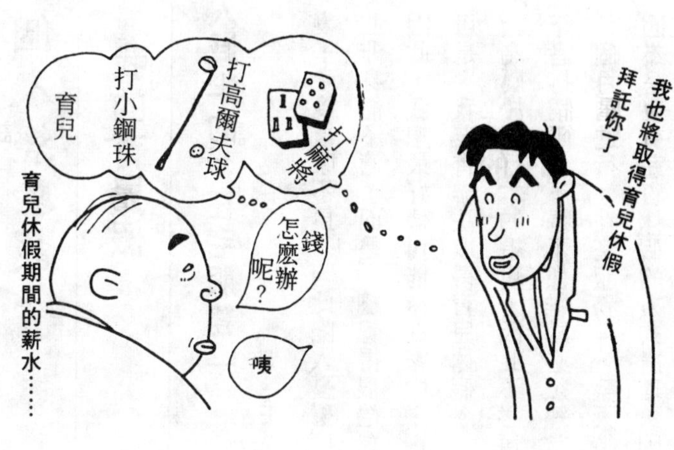

萬日幣，當成育兒休假基本給付金。

此外，回到工作場所六個月後，再支付十萬日幣（二十萬×五％×十個月份）的「育兒休假者復職金」。但是，有的人雖然「不打算回工作崗位，因為取得育兒休假，想要擁有這些金錢的人」非常多……。

金錢問題

支付條件是，「育兒休假開始前二年內，從事普通的工作達十二個月以上」。

有的公司未加入雇用保險，因此，可能無法符合這些條件而得到休假和金錢補助。

上班族如果取得育兒假，可能就必須動用舊有的儲蓄了，或者必須接受父母的援助或借助妻子的收入了。市面上有一本有趣的書——『男性的育兒休假體驗：爸爸真忙碌』。

個人經驗談

我的育兒假

收入減半的「在宅服務」

S・E先生・30歲　在出版社工作・妻子28歲・育兒休假中

妻子產後復原不良，因此陷入憂鬱症中。妻子一整天都非常憂鬱。並非身體不適，而是「總覺得很倦怠」。

因此，我想最好儘可能待在家中……。

可是，我沒有辦法取得育兒休假。

因為屬於單行本的編輯，因此不必每天到公司露臉。可以在家中校稿，但是，還是必須和執筆者打招呼。不過不像雜誌必須經常趕稿。

二個月內進行「在宅服務」，整天待在公司的日子大約只有二週。

因為是以有薪資休假的方式處理，因此，在家中即使工作也不需要加班，不過「收入減半」。

公司的工作有人取代

T・T先生・29歲・在機械廠服務　妻子29歲・自由業

妻子在餐廳打工，時間非常自由。

但是，「如果休息二、三個月，恐怕就沒有工作了」。的確，雖然是「自由業」，也無法取得產假。

我們不忍心將剛出生的孩子送到托兒中心。

由於我在公司的工作不是很吃重的部份，因此，我想男人取得育兒假應該也是很有趣的事情。在我們公司這是從未發生過的事情。

從妻子臨盆時開始向公司提出申請，不過在休假前一個月必須整理業務才行，而且不能參加新的計畫。

三個月內都沒有薪資，只擔任姐姐孩子的家庭教師，賺點零用錢。

在這期間妻子經常出去工作，檢診時我也陪她去。其他的太太們可能認為我是「令人同情的失業者」。

回到公司一個月左右，發現人事全非。

與其倒下不如取得休假

Y・T先生・25歲・在百貨公司服務　妻子24歲・專業主婦

生了雙胞胎，因為太小了，因此孩子比妻子遲一個月出院。

後來，一個孩子哭，另一個也跟著哭。餵一個孩子吃奶，另一個孩子的尿布又濕了，等到一切搞定後，根本沒有足夠的時間睡覺。

岳母也來幫忙，但人手還是不夠，而且我不能讓老年人熬夜。

如果請褓姆又必須花費很多錢，因此我只好休假二個月。

當時正值中元節的繁忙時期。

「我知道你生了雙胞胎，但是你要考慮一下喔！」上司對我這麼說。

提出申請前，他們說：「雙胞胎啊！恭喜你。」但是現在卻說：「生雙胞胎又有什麼關係，有岳母幫忙就好啦！」

必須重新安排小組體制及雇請打工人員，給公司添了不少麻煩。

但是，如果我不請假，妻子、岳母和我都會倒下。

17 和爺爺的巧妙相處法

■對付「溺愛」的聰明方法

「孫子比孩子更可愛，尤其是第一個孫子」，相信很多爺爺都會溺愛孫子。的確，沒有其他興趣的爺爺，會將孫子當成他的「生命的意義」。

孫子是爺爺的玩具

爺爺、奶奶和爸爸、媽媽會在教育方針上形成對立。

大部份老年人都會給孫子好吃、好玩的東西，孩子們也會黏著爺爺、奶奶。

「這樣下去就會不吃飯，產生蛀牙、成為肥胖兒，不能再給他這麼多零食了」，媽媽會這麼說。

「可是，這樣子太可憐了」，爺爺會坦護孫子。

碰到這樣的爺爺，很多的父親會茫然地認為：「以前對我這麼嚴格，為什麼現在變這樣呢？」

對於祖父母而言，孫子是「不需要負擔教育、教養這種責任的寵物，是玩具」。因此，經常會溺愛孫子。

祖父母非常地任性，如果把孩子弄哭了就根本不管他。如果自己不想再應付孫子時，就會說：「這孫子真不聽話」，在那發著牢騷，大多不負責任。

爸爸與媽媽的對立

有的爺爺、奶奶討厭孫子。「外孫比較可愛，內孫一點都不可愛，」甚至有的爺爺會這麼說。

外孫也好，內孫也好，事實上孩子們真正喜歡的是自己的媽媽。

就算爺爺很喜歡孫子，可是等到媽媽回來時，孩子又會黏著媽媽。

這時，爺爺奶奶就會覺得無趣，更討厭自己的媳婦了。

甚至當孫子對奶奶說一些不禮貌的話時，她就會認為「一定是媳婦教孩子的」。

事實上，如果是自己女兒教養子女的方法，父母不會干涉，會認為「一切交給女兒教養

就好了」。認為是自己扶養、教養的女兒，當然沒有問題。

但是，如果「媳婦不愛清潔」，或是「頭腦不聰明」，老奶奶就會嫌東嫌西的。可是當老奶奶這麼說時，孩子們不是討厭媽媽，而是討厭奶奶。漸漸地就會覺得「奶奶真煩人」。爺爺、奶奶和媽媽的對立更為激烈化，夾在中間的兒子更是不知該如何是好。

至多二年

有的老奶奶會以「我要幫忙生產、育兒的工作」為藉口，而長住在兒子媳婦家中。或是說：「我想看看孫子」而經常到家中來。

這還不要緊，有時甚至連嬰兒穿的衣服、食物、玩具都帶來了。

得到老人家這麼多的關愛，爸爸媽媽實在

非常幸福吧！

因為對象是擁有育兒經驗者，如果能和她好好商量，相信媽媽也能從憂鬱中解放出來。生產、育兒需花費很多錢，有了爺爺奶奶的幫助可省下一些錢。

現在有很多中年人已經是爺爺奶奶了，仍然充滿朝氣。有時將孩子交給他們一週，夫妻二人一起旅行，或是看電影、聽音樂會。爺爺奶奶也會高興地照顧孫子。

在這期間，即使爺爺奶奶堅持要照顧孫子，至多是二～三年而已，到時候他們就會說：「我不想幫你們照顧了」。

因為當孩子學會走路時，爺爺奶奶跟不上他們了。自己年紀也大了，無法再盡心盡力地照顧孫子了。

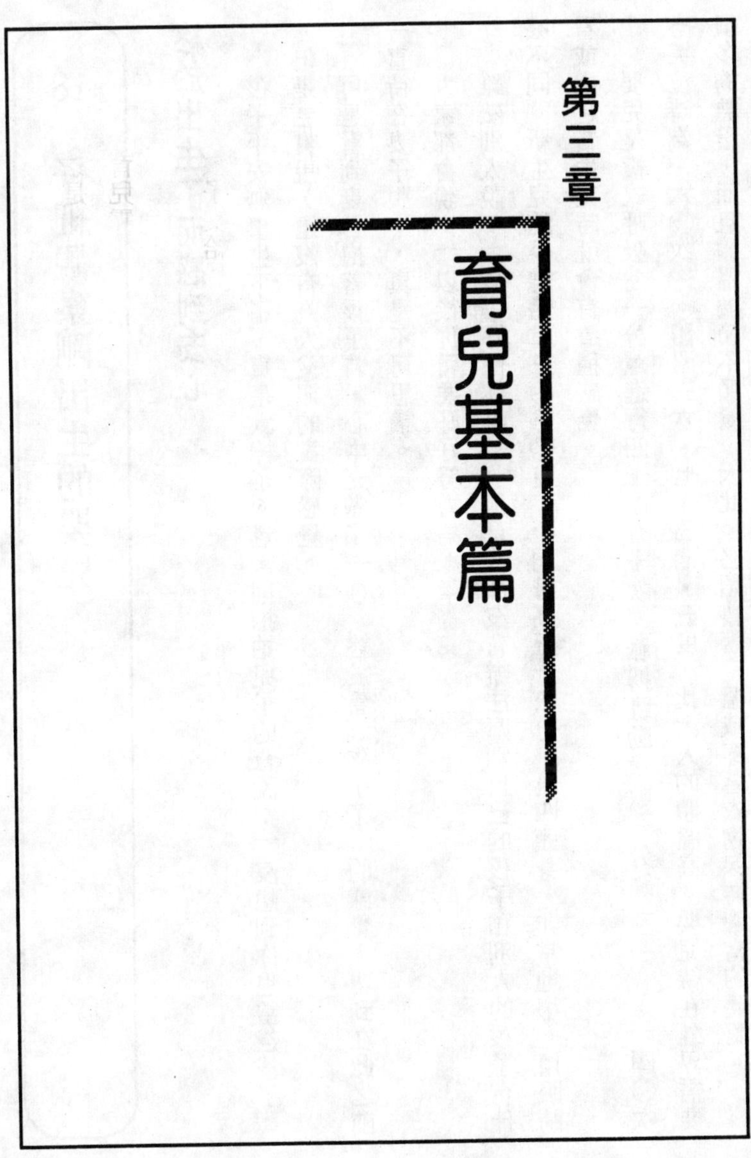
第三章
育兒基本篇

18 仔細觀察剛出生的嬰兒

終於出生了而感到安心

孩子平安無事生下了，真是太棒了。老爹則拍拍兒子的背說：「沒想到你也當爸爸了」。但是老實說，還沒有為人父親的實際感覺。

可是看到妻子抱著孩子時，心中充滿了一種「終於看到孩子了」的感覺。想到在此之前一直待在妻子腹中，真是不可思議。

大家都會說：「以後你可要好好努力喲！」

雖然別人說：「孩子好像你呀！」但是我卻沒有辦法區別自己的孩子和別人的孩子有什麼不同。新生兒的平均體重三〇〇〇克，平均身高五十公分，為四頭身，非常地小。用眼睛看或抱起新生兒時就會有這種感覺。

嬰兒是複式呼吸。一分鐘進行四十～五十次。脈搏跳動次數一分鐘一三〇～一四〇次（哭泣時為一六〇次）。體溫三六・七～三七・五度，比大人的體溫高。嬰兒待在外界需要很多的熱量，而且體溫調節不順暢，因此，必須藉著室溫或穿著衣物保持適當的體溫。

初次見到嬰兒的糞便，感覺有點震撼

嬰兒一天會大便五～六次。而且一直小便，必須勤於更換尿布。情況當然具有個別差異，有的孩子十次以上，有的孩子二～三天才一次。

也許你會認為自己孩子的糞便當然不會很髒，可是初次見到實物時，還是有點震撼。

妻子會藉著孩子的糞便狀態和顏色，掌握孩子的健康狀態。雖說是糞便色，但有時可能摻雜綠色或黃色等，富於變化。

但是不要過於神經質，只要嬰兒很有元氣就不要擔心。

咦？頭骨怎麼稍微張開呢？

抱著孩子時嚇了一跳，原來嬰兒的頭非常軟，而且前方有大泉門這個稍微張開的凹陷處。這是為了通過母親產道而具備的頭形，稱為骨的縫隙。後方也有小泉門這個小的凹處，但是慢慢就會閉合，所以不必擔心。經由確認後小心該部位就可以了，但是不要經常觸摸，此時頭骨還很柔軟，容易變形，頭髮也還不濃密。

剛出生的嬰兒臍帶還留在肚臍上，頭一次看到時會有點害怕。但在出生後一週就會乾燥、變黑而自然脫落。不過不要拉扯它。

■ ○～二個月

喂，不要一直睡，趕快起來呀！

孩子出院過了一個月左右，仍然一整天睡覺。據說「愛睡的孩子較容易成長」，孩子真的睡得很多。大約每隔二～三小時要吃奶，必須叫他起來。半夜時也要叫孩子起來，我覺得妻子真的非常辛苦。

我是細菌嗎？

下班後回到家中，立刻到嬰兒床看看孩子，這是我的習慣，但是有一天妻子說：「等等，你已經感冒了，回來後要先洗手，還有嗽口。孩子的抵抗力很弱，一不小心就會感冒喔！」我回家以後洗手變成我的義務，當然在家中也不能抽煙。

★檢查我能做的事情

□體貼妻子
□日常的購物、倒垃圾
□打掃房間
□準備自己的飲食
□熟悉抱孩子的方法

和嬰兒玩

嬰兒會產生一些反射行動。例如：

摸他的嘴唇／做出吸奶的樣子，稱為吸啜反射。對不起，我可不是乳房喔！

握住手掌／用力握住他的手時，孩子也會用力反射，稱為把握反射。

大聲嚇他／嬰兒聽到大的聲音時會嚇一跳，雙手朝左右張開，做出想要人抱的動作。妻子不在時我偷偷地嘗試，這種現象稱為「莫羅」反射。對不起呀，我只是開玩笑而已。

雖然沒有人教導他，但他與身俱來就有這種反射行動……。生命真是不可思議。

現在害怕抱孩子

戰戰兢兢地抱著嬰兒，身體軟綿綿地，頭也不斷搖晃，抱著孩子時一定要支撐住脖子和頭部。育兒第一步就是要熟悉抱嬰兒的方法。一整天打開窗戶，希望孩子能接觸外氣。

只會哭泣，不睡覺

最近，嬰兒夜晚啼哭。據說嬰兒表達意志的方式就是哭泣，我也了解這一點，但是孩子哭個不停，我也不知道是怎麼回事。拜託呀！讓我好好睡個覺，明天必須早起呢！雖然沒有表現特別不滿的神情，但是妻子卻對我說：「你不要管他，你去睡覺好了。」可是……，這種生活怎麼持續下去呢!?一定必須謀求避免嬰兒夜晚啼哭的對策。

發出喃語可愛的樣子

二個月大時，孩子會說「呀」、「嗚」的話語，這就是喃語。妻子為孩子換尿布時，對孩子說：「呀！你在說話啊！」在一旁附和著，這可能就是語言的原形吧！

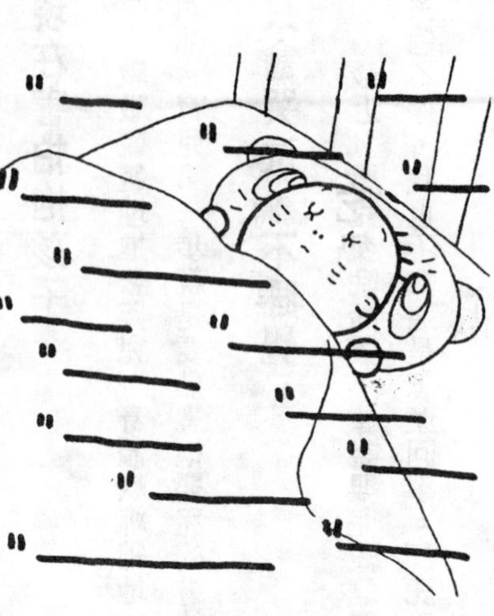

當我玩自鳴琴給孩子看時，他也會一直看著。他看到我時，有時會笑呢！真是非常可愛。

我什麼也不能做，只好默默傾聽妻子的牢騷

可能是由於育兒的疲累，妻子有時會發發牢騷。因為工作而疲倦時會發牢騷，睡眠不足時也會生氣。我儘可能想幫她的忙，可是我卻不知道該做什麼。你忙著照顧嬰兒，我也不輕鬆呀！把我一個人丟在這兒，我也非常寂寞呢！

■三～四個月

孩子逐漸長大

過了三個月後，孩子的體重為原來的二倍，身高長了十公分左右。變得更可愛了。剛出生時看起來好像猴子的臉，我沒有辦法區分自己的孩子和別人的孩子，但是現在卻覺得和我真的有點像了。

脖子挺直……

脖子漸漸挺直了，俯臥時臉會往上抬，用手臂支撐身體。仰躺時，讓他趴在我的肚子上玩。

四個月大時，脖子更為挺直，全身不斷地活動著。

夜晚不必吃奶了

一整天的規律逐漸形成。逐漸拉開吃奶的間隔時間，夜

★檢查我能做的事情

□熟悉泡奶的方法
□餵嬰兒吃奶
□熟悉換尿布的方法
□克服洗尿布的困難
□幫孩子洗澡

晚吃奶的時間也逐漸減少。但是夜晚還是會啼哭。授乳一天五次，每隔四小時一次。

吃得很多。有時牛乳給得太多，擔心他會成為肥胖的嬰兒。

三個月的檢診是成長的關鍵

收到了檢診通知書，看了內容再和其他孩子相比時，會感到很擔心。尤其妻子看了太多的育兒情報而非常煩惱。結果她只相信與我們的情況配合的情報。

一定要接受預防接種。有的可自由選擇接種，有的則在疾病流行時接種。

這些都要和小兒科醫生商量，妻子說，三個月檢診時，我也要陪她一起去……。

手指這麼好吃嗎？

經常看到孩子拼命吸吮手指。即使睡覺時也吸吮手指。依當天心情不同，吸吮的次數也不同。對玩具也很感興趣，獨自玩也玩得很高興。拿著搖鈴搖晃時，他會回頭看搖鈴。任何東西都想放入口中，但是不久後又丟掉。

嬰兒喜歡媽媽嗎？

媽媽經常在孩子身邊。孩子較少看到我，因此休假時帶著他去散步。抱在我手中的孩子似乎很不安地，拼命用眼睛追逐媽媽的身影。喂，我是爸爸耶！

和他一起洗澡，最初，放在嬰兒浴盆裡還可以，現在則可以進入大人的浴缸中了。泡澡十分鐘，水溫為三八～三九度（冬天為四十度）。這是和嬰兒肌膚接觸的時期，坐在我的膝上，一起聊天（到底說些什麼，我一點都不知道）。

我是爸爸呢！

孩子四個月大時，視覺、嗅覺的發達非常顯著。漸漸地開始喃喃自語地說話。最近他發「巴」這個音時，我感到非常興奮。

孩子的哭泣方式也有很多變化。最近想撒嬌或有什麼不滿時，或有微妙的感情或主張，都會用「哭泣」的方式表達，的確是相當高度的演技。

即將準備斷奶

嬰兒的成長非常快速。進入四個月以後，即將準備斷奶了，事實上，五個月大時才會進入斷奶期。現在的時期則是維持穩定的授乳間隔時間，有時候用湯匙餵孩子喝果汁或湯等。讓他體驗牛乳以外的其他味道，也讓他習慣湯匙。

當然不可以勉強，當成是一種遊戲就能輕鬆進行了。

■五～七個月

成長具有個別差異

嬰兒不斷地成長，到了這個時期會稍微緩慢。體格方面當然具有個別差異。有的較大，有的較小，有的較強，有的較弱，有各種不同的嬰兒（這是理所當然的）。所以絕對不要因此而感到不安。

你看，孩子會翻身了

有一天，我一邊喝啤酒一邊看電視時，躺在一旁的孩子突然會翻身了。我嚇了一跳，趕緊到廚房和妻子報告，妻子說：「你說什麼呀！早就會啦。」

行動範圍開始擴張。學會了翻身，不斷地移動，而且肌肉也開始強化。這時在他身邊不能放危險的東西了。手上拿到東西都會放入口中，因此絕對不能亂丟煙蒂。

★檢查我能夠做的事情

□戰勝夜晚啼哭
□做斷奶食
□餵孩子吃斷奶食
□和孩子玩
□成為妻子的商量對象

襪子習慣脫下後隨便放，為了孩子可得檢討了。

逐漸擁有腳力。用腋下支撐，讓他坐在膝上時，孩子會不斷地跳著，力量之大，令大人感到很驚訝。妻子說：「他睡覺時會把毛毯踢掉呢！」

讓孩子學習坐姿。剛開始時坐不穩。七個月大時，自己能夠坐得很好。而且能用雙手拿東西了，不要忘了拍紀念照片。

還是這麼喜歡媽媽嗎？

雖然我在孩子身上花了好多情愛，但孩子一旦看不到媽媽時，就會感到很憂鬱，用眼神看四周。突然感到不安時會哭出來。即使獨自玩遊戲，也必須確定媽媽在視野範圍內。變得非常敏銳，甚至妻子沒有辦法去上廁所了，真是麻煩。一天大約花三小時讓孩子享受外氣浴或日光浴。有時孩子會怕生呢！

和孩子一起玩「坐飛機」……

表情非常豐富。

高興時會「咔、咔」地笑。把他抱起來玩「坐飛機」時，他會非常興奮地流口水。看他這麼高興，我也很高興。黏答答的手會摸我的臉，一不小心，可能眼睛都被他戳破了呢！有時候會撞到我（撞到眼睛時非常痛）。此時孩子可以清楚地表達自己的意志，說一些我們不明白的話。老實說，聽孩子說話我一點都不厭倦。

孩子每天不斷地成長。從嬰兒出生後，妻子已經成為母親。孩子成為生活的中心，而我也被稱為「爸爸」……。

斷奶期終於開始了

五個月後開始斷奶期。光靠牛乳營養不足，讓他習慣牛乳以外的味道，吃一些液體狀的東西。孩子有時不吃、有時沒有辦法好好吞進肚子裡，弄得嘴唇周圍髒兮兮的，但這些情況都必須要忍耐，嬰兒就是這個樣子嘛（我經常對自己這麼說）！

觀察孩子的反應，將液體食物逐漸改變為能用舌頭搗碎的食物。七個月大時，進入斷奶中期，因此，要很有耐心地持續下去，有時也可以利用嬰兒食品。

再次進入夜晚啼哭地獄中……

孩子七個月大時，有一天又突然開始夜晚啼哭了。我想，地獄般的日子又開始了吧！連妻子都感到非常憂鬱。為什麼會出現這種情形呢？原本是因為嬰兒的情緒發達，白天的刺激到了夜晚會出現，因此，必須找出原因謀求對策才行。一定要積極加以處理。

■八～九個月

喜歡在屋子裡爬行

能夠穩穩地坐著、伸出手抓玩具了。漸漸學會爬行，經常在房間裡到處爬行。看到新鮮的東西時，不管在什麼地方都會爬過去，抓了東西就往口中放。雖然沒有危險，但是我很擔心，所以視線不能離開他的身上。孩子此時充滿好奇心，對他而言，一個小小的住家就是一個大世界。

害羞的傢伙……

現在開始發現孩子的「性格」了。「這個地方像我」，「不，他的性格一定是遺傳爸爸的」，夫妻互相推諉責任，但是孩子的性格卻愈來愈明顯了。

休假日時帶嬰兒到公園散步，附近的太太跑過來看孩子。因為我不喜歡和鄰居相處，不知該怎麼辦時，孩子啼哭著

★檢查自己能做的事

□看守嬰兒
□嬰兒惡作劇時不要管他，做危險的事情時要責罵他
□選擇防止危險用品
□注意孩子飲食時的行動
□和孩子玩

。當我把孩子交給對方時，沒想到孩子卻哭得更厲害，朝著我伸出手來，豆大的眼淚直流，等他回到我的懷中後，便停止了哭泣。

真是太棒了，原來他這麼喜歡爸爸，我都不知道呢！

好像看到人類進化一般

從學會爬行開始過了一個月，到處爬行的嬰兒站起來了。由於事先沒有注意，發現時孩子已經扶著家具站立著，令我非常驚訝。有些嬰兒不爬行，而開始展露站立的工夫，令父母感到很驚訝。

「我的孩子」不久後就會學走路了，他的視點也逐漸升高，充滿好奇心，展現旺盛的行動。現在更不能離開我的視線了，必須注意他的安全。

牙齒長出來了，飲食以斷奶食為主

開始採用固體狀斷奶食。一些液體狀食物孩子根本就不想吃，對我所吃的食物感興趣。八個月大時，一天給予二次斷奶食，並用牛奶補充不足的營養。九個月大開始，一天增加為三次，配合孩子的食慾輕鬆地進行。

有時孩子不想吃東西，將周圍弄得髒髒的，好像在玩耍一般。尤其最近吃東西時都在那兒玩，令媽媽很生氣。

向母親的乳房告別

習慣三餐的飲食，開始用杯子喝東西後，漸漸向母親的乳房告別，進入真正的斷奶期。開始喜歡喝牛奶，但有時還是無法離開母乳。在精神上無法分開。對嬰兒而言，這是最初的考驗。

只有在危險時責罵他

我不只是個溫和的爸爸，看到孩子做危險的事情時，也會責罵他，這才是真正的父親。用可怕的眼神對他說：「不行」，此外還告訴他「好痛，好痛喔！」」

妻子平常就常說「不行」，但是遇到萬一時就無法發揮效果。因此他惡作劇時我完全不罵他，必要時才發揮作用。

■十～十二個月

不要緊，孩子已經開始長大了

以標準而言，體重為出生時的三倍，身高為一・五倍，是孩子十一個月大時的成長標準。體型方面則是皮下脂肪減少，由嬰兒體型變成幼兒體型，不過這只是大致的標準。

當母親的一定會很擔心。我的妻子如果發現孩子的成長和書上說的不同，或是和別的孩子不同時，就會感到煩惱。可是醫生不是說：「在這個時期，有的孩子發育較早、有的較遲，具有半年的差距。」所以不要擔心，只要孩子有元氣、活潑，就不要再和其他孩子比較了。

我不會使用嬰兒的話語

孩子開始了解父母所說的話了。當妻子問：「爸爸在哪裡？」時，他就會看著我，當妻子說：「跟爸爸說拜拜」，

★檢查自己能做的事情

□背孩子散步

□讓他吃斷奶食

□買嬰兒馬桶

□嬰兒的睡眠訓練

□和嬰兒玩

揮揮手時，孩子也會模仿母親的動作對我揮揮手。

很喜歡看圖畫書，經常凝視上面的圖案。也很喜歡翻書，經常看同樣的畫本時，妻子會問他「車車在哪裡？」「狗狗是什麼？」要他用手指出畫中的東西。

光說「車車」或「狗狗」還不要緊，妻子對於孩子了解語言感到很高興，拼命使用幼兒語。我絕對不會說「車車」，而會對他說「車子」，和孩子一起看畫本。

我覺得這樣比較好。

移動法以爬行為主

已經開始蹣跚學步，但是還是覺得爬行比較方便，能夠自由自在地活動，爬上爬下。如果家中有樓梯，則必須擔心柵欄的安全。

較快的孩子已經開始學走路了，妻子感到很擔心。可是只要耐心等待，相信他可以開始獨立邁開步伐走路。

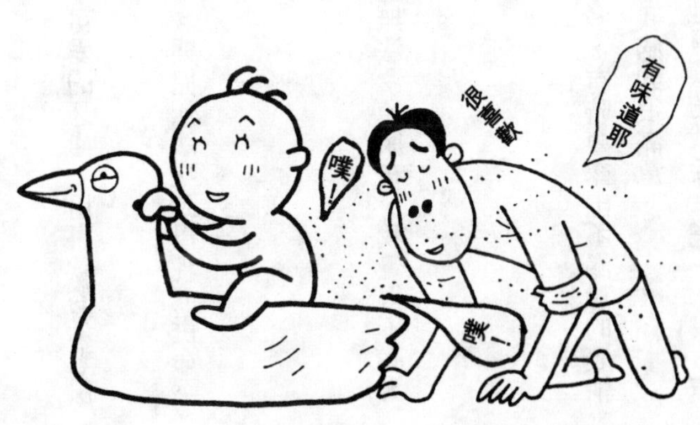

斷奶期結束，下定決心完全斷奶

一日三餐的飲食和大人一起進行，已經養成了習慣。長了可愛的牙齒，用喜歡的米老鼠湯匙吃東西，也會使用杯子了。

默默在一旁守候著孩子，發現妻子已經做好斷奶的準備了。嬰兒無法吃到母乳而拼命哭泣著，我覺得孩子真可憐。

開始上廁所的訓練

這時的嬰兒排出的糞便，氣味和大人的一樣。我的孩子還無法拿掉尿布，我覺得不必太過焦躁。但還是準備了馬桶，卻不勉強他，讓孩子自動坐上去。

對他說爸爸時，他也會回應我

喃語的變化相當多，感情的表現也很豐富。想說的話非常多，有時會露出不滿意的表情。有時會用手指著東西說：「呀！車車」，聽到他說這些話，我感到很滿意。

好幾次用手摸著他的嘴巴對他說：「我是爸——爸喔！」他會模仿我說「爸——」，真是太棒了。

19 乳房是嬰兒的專利

■ 爸爸被隔離

剛出生的嬰兒只會睡覺、吃奶和弄髒尿布——。

關於吃奶的問題，在一個月內「嬰兒想吃的時候就給他吃」，因此媽媽一整天都要餵奶。

餵母乳的母親才是好母親嗎？

有很多人說：「用母乳餵哺嬰兒的母親，比用牛奶餵哺小孩的母親而言，前者才是好母親。」

「乳房會變形」，有的母親基於這個理由而拒絕授乳，這時就會被指責「不是好母親」。一旦授乳是否會使乳房變形我不得而知。但是如果乳房是做生意的工具，當然必須注意這個問題。

一些女性雜誌中，有太子妃或女演員宣傳「要用母乳餵哺嬰兒」，並說：「即使忙碌，為了嬰兒著想，也一定要用母乳餵哺嬰兒」，可是對於以母乳餵哺沒有興趣或不知道的男性而言，可能就不了解這些事情。

就算想用母乳餵哺，可是有的女性卻無法分泌出母乳。初為人母的母親或剛出生的嬰兒，不熟悉餵哺的方法和吸吮的方法，當然也無法順利進行。

有時是因為母體罹患疾病，使得孩子沒有辦法吃奶。

如果一直強調「母乳是最好的」，可能會使母乳分泌不順暢的媽媽陷入憂鬱症中。

是女體的神秘還是本能呢？

「母乳最好？沒這回事，牛奶不也很好嗎？」事實上，男性所想的可能不合常理吧！母親的身體會因為嬰兒的哭泣聲而反應，乳房會積存母乳。據說是為了讓嬰兒吸乳房而產生母乳。對於這些構造，可以說是「神秘」，而母親則將其認為是「母性本能」。

「餵奶時就會產生成為人母的喜悅」，母親會這麼說，但父親當然不知道有什麼喜悅可享。

只有在餵奶時，母親才會覺得「很幸福」，當然，對嬰兒而言，這也是最幸福的時候——。男人當然會覺得很無趣。

據說，某個國家有一位男性竟然對法官說「不能餵哺母乳的父親，不能行使父母的對等權利，因此母親也應該停止授乳」（後來的判決情形不得而知）。

無需問答的「母乳信仰」

西元一九五五年時，某廠商的罐裝牛奶中，混入的藥物造成許多嬰兒中毒。當時，在一般家庭很難進行母乳的冷凍保存。必須工作的母親或是在意乳房變形問題的時髦母親們，冷靜思考後認為「牛奶是比母乳更好的食品」，因此愛用牛奶。但是事件發生後，這些母親備受世人的責怪。「你看吧！還是母乳最好。」

於是，大家認為「給予母乳才是母親情愛的表現」，而沒有辦法分泌母乳的母親就會想「我是不是失去做母親的資格呢？」或是「我在養育子女上有缺失」，而產生了罪惡感。因此，以往的議論認為「現在的牛奶相當安全、營養均衡，母親可能服用藥物、喝酒或抽煙，所以牛奶比母乳更為安全」，已經被封殺了。

母乳是什麼味道

母乳對新生兒而言，是最棒的營養源。尤其是產後一週內，會分泌帶有黃色的「初乳」，其中含有許多給予嬰兒抵抗力的免疫物質，營養價值極高。

而且是免費的，不需要容器，也不需要沖泡、消毒。對爸爸而言，這也是值得慶幸的事情。

可當成媽媽的減肥法

為了母親的身體著想，授乳非常有效。當嬰兒吸吮乳頭時，會促進荷爾蒙的分泌，使母體迅速復原。

為了產生母乳，一天需要七〇〇大卡的熱量，而一般成人女性一天所需的熱量為一八〇〇大卡。以前，一般人說「母親必須好好地攝取營養」，但是如果妊娠中過胖的母親，不必吃得太多。

授乳可說是母親的減肥法之一。

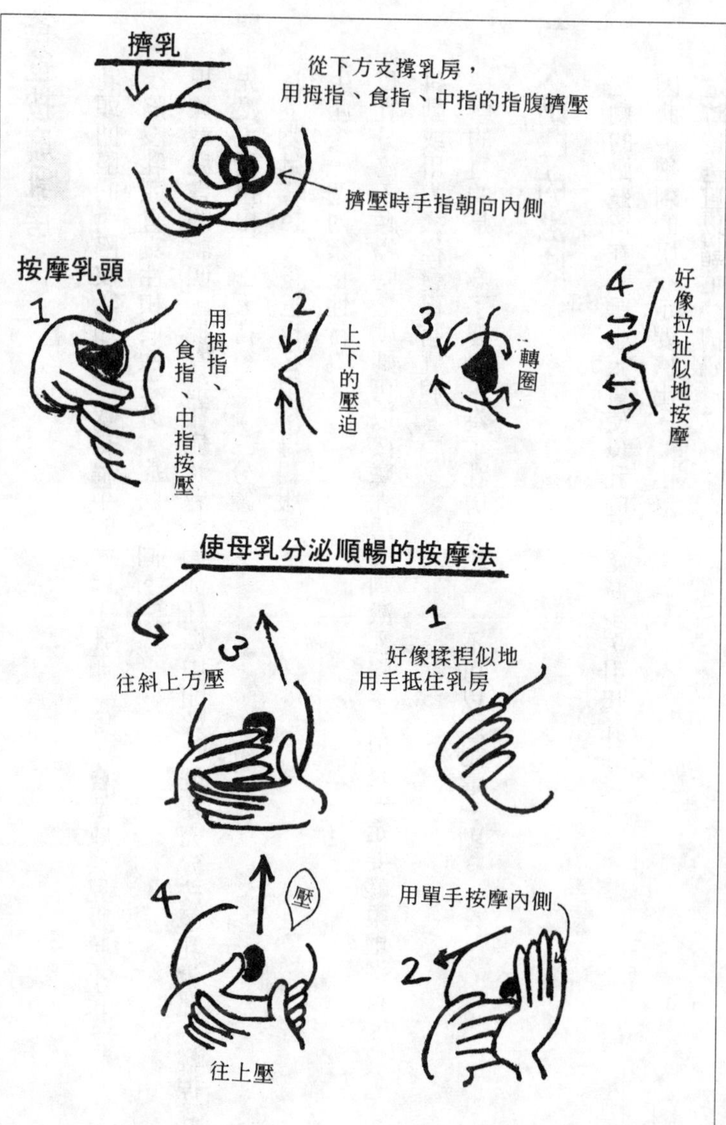
擠乳
從下方支撐乳房，
用拇指、食指、中指的指腹擠壓
擠壓時手指朝向內側
按摩乳頭
1
用拇指、食指、中指按壓
2
上下的壓迫
3
轉圈
4
好像拉扯似地按摩
使母乳分泌順暢的按摩法
1
好像揉捏似地
用手抵住乳房
2
用單手按摩內側
3
往斜上方壓
4
壓
往上壓

爸爸按摩乳房

乳頭凹陷的「陷沒乳頭」，或是扁平的「扁平乳頭」等，會造成嬰兒吸吮不良。（陷沒乳頭有真性和假性之分，症狀不同。）

根據育兒書的說明，擁有這些症狀者，「從妊娠中開始，就要充分按摩乳暈部，輕捏乳頭，先壓入再拉出。一天持續二～三分鐘」。

為了嬰兒著想，爸爸也必須幫母親服務。

生產後一週內禁止性行為。

母乳分泌不順暢時，媽媽可以按摩乳房，刺激乳腺——但是一定要輕柔地進行。抖動或用力揉搓會傷害乳腺。

按摩的目的是「為了嬰兒，為了乳房著想」，不可以忘記這一點。

「人奶」的滋味

吃剩的奶殘留在乳房中，會使母乳的分泌減少，引起乳腺炎。

因此，吃剩的奶一定要擠出。

這時爸爸可以幫忙「擠奶」。

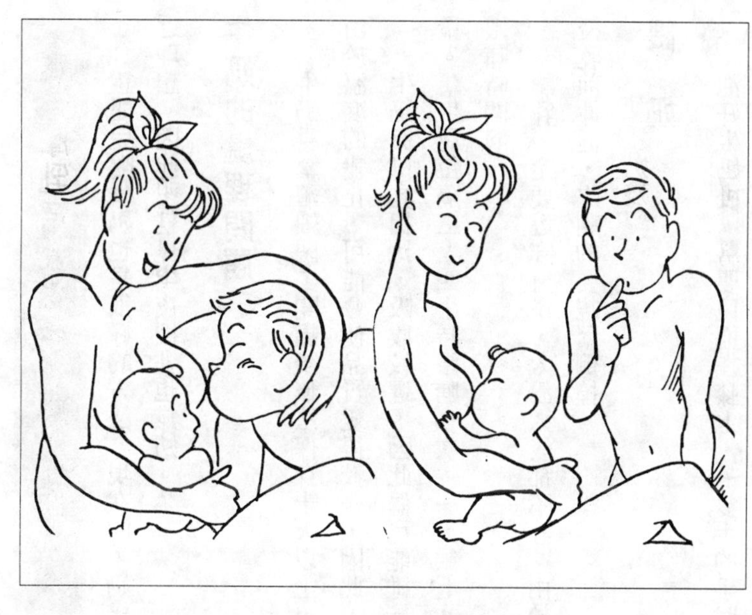

擠出的奶進行冷凍保存，可以將母乳裝在市售的「母乳包」中，急速冷凍，能保存一個月。

與其擠出，更有效的方法是利用「搾乳器」這種吸引器。最迅速的方法就是爸爸來吸。

母乳的味道帶點甜，有點溫熱，像稀釋牛奶。

既然是體內分泌物之一，當然會讓人感覺體液的味道。

「自己是嬰兒的時候，喜歡喝這個東西嗎？」是否真的會感動，我不得而知。

■牛奶的沖泡法、餵奶法

讓嬰兒喝牛奶也是很好的方法。現在的牛奶接近母乳，對嬰兒的發育而言，成分調整接近理想。因此，就算半夜授乳也無妨。

牛奶的處理問題

牛奶易繁殖細菌，開罐後無法保存十天以上。所以一定要蓋上蓋子。如果放入冰箱中，由於溫度的變化，可能會使品質變得較差，因此，要放在通風良好處。

牛奶與母乳相比，吸收較遲，因此儘可能維持一定的授乳次數與間隔。給予嬰兒想吃的量。新生兒每隔三～四小時餵哺一次，一天餵七次（半夜也要餵），漸漸成為間隔四小時的餵哺時間。

調乳一定要遵守分量，太濃太淡都不好。由於雜菌會繁殖，因此不可以事先沖泡。要在授乳前沖泡，吃剩的要趕緊倒掉。

餵　奶

泡好牛奶後，將嬰兒抱在膝上，一隻手的手肘支撐嬰兒的頭，手掌斜撐住嬰兒的腰。

另一隻手則拿住奶瓶餵奶。為避免奶嘴附近進入空氣，因此瓶身要深深地傾斜。通常在二十分鐘內就喝光了。喝到中途就不喝，表示這一餐已經結束，要輕輕地為孩子擦拭口唇周圍。讓嬰兒「打嗝」也很重要。將嬰兒直抱，下巴貼在爸爸的肩上，輕輕地摩擦拍打背部，讓他打嗝，否則容易吐奶。

奶瓶與奶嘴要保持清潔

餵奶後，剩下的牛奶要倒掉，立刻洗洗奶瓶和奶嘴。嬰兒三個月大之前，奶瓶和奶嘴必須消毒，雖然麻煩，但剛出生一～二個月大的嬰兒沒有抵抗力，因此要充分注意清潔的問題。消毒方法有三種。煮沸法是最常採用的方法，也有很多專用的器具。

不能只準備一個奶瓶。要準備二〇〇ml的奶瓶三～四個。分為玻璃和塑膠製二種。平常使用玻璃型，外出時使用塑膠製品較方便。也有一〇〇ml的小型奶瓶，但這是用來餵開水或果汁時較為方便的容器。

由於容易繁殖細菌，因此
開罐後不能使用十天以上
Baby
MiLk
使用後
一定要蓋緊蓋子
放在通風良好之處
Baby
MiLk
我成為爸爸了
拜託你啦！

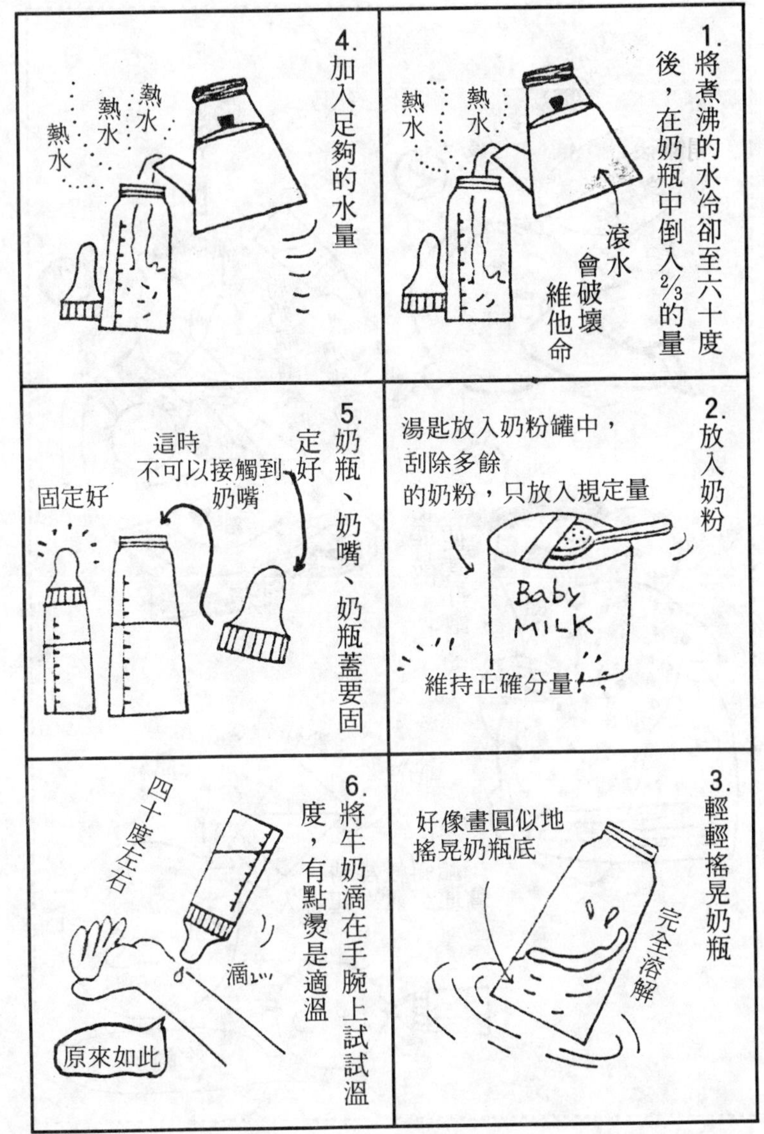
1.將煮沸的水冷卻至六十度後，在奶瓶中倒入⅔的量
熱水
熱水
滾水會破壞維他命
2.放入奶粉
湯匙放入奶粉罐中，刮除多餘的奶粉，只放入規定量
Baby MILK
維持正確分量！
3.輕輕搖晃奶瓶
好像畫圓似地搖晃奶瓶底
完全溶解
4.加入足夠的水量
熱水
熱水
熱水
5.奶瓶、奶嘴、奶瓶蓋要固定好
這時不可以接觸到奶嘴
固定好
6.將牛奶滴在手腕上試試溫度，有點燙是適溫
四十度左右
滴
原來如此

好喝嗎？
將奶瓶倒拿時，
牛奶能滴出即可
喝完時，
要擦拭嘴唇周圍
剩下的牛乳
要倒掉
摩擦背部，
使其打飽嗝
奶瓶要深深傾斜
注意點
傾斜較淺時，
會連空氣一起吞入
吃飽了

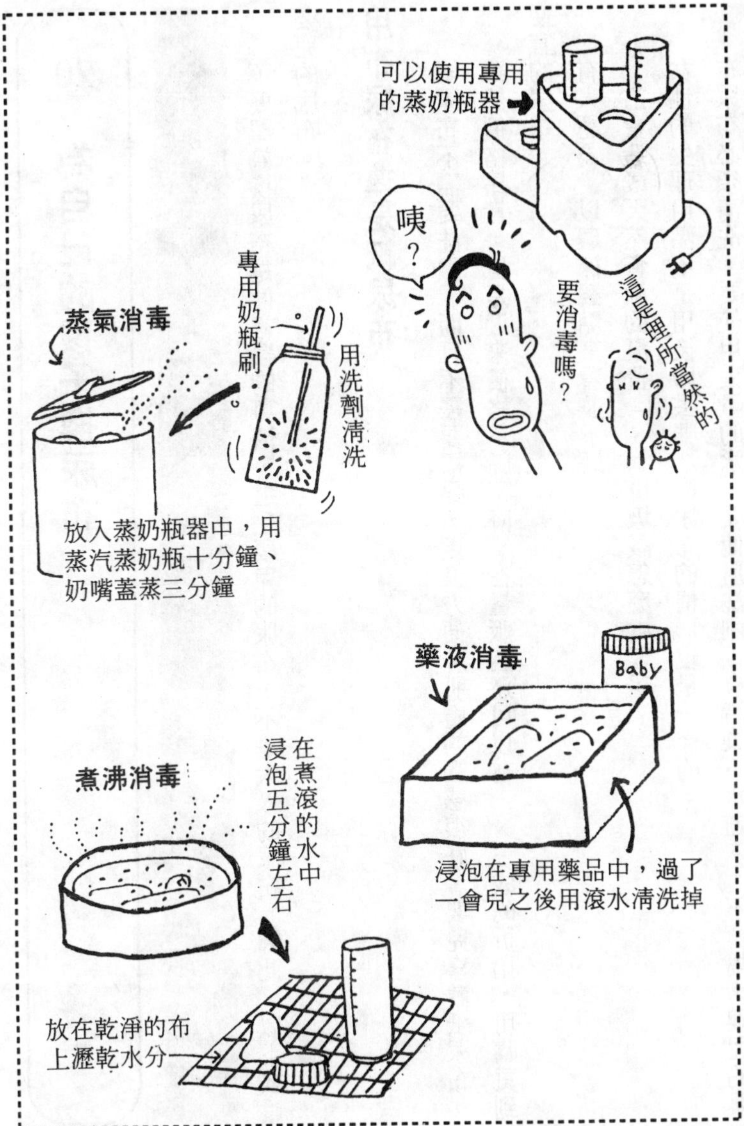
可以使用專用
的蒸奶瓶器
咦？
要消毒嗎？
這是理所當然的
蒸氣消毒
專用奶瓶刷
用洗劑清洗
放入蒸奶瓶器中，用
蒸汽蒸奶瓶十分鐘、
奶嘴蓋蒸三分鐘
藥液消毒
Baby
浸泡在專用藥品中，過了
一會兒之後用滾水清洗掉
煮沸消毒
在煮滾的水中
浸泡五分鐘左右
放在乾淨的布
上瀝乾水分

20 為自己的孩子換尿布

■換尿布的考察

不要認為換尿布是件輕鬆的事情，這是嬰兒的尿布，不是大人的尿布。因此，以下談論嬰兒的尿布。

用布尿布還是紙尿布

紙尿布不需要洗濯，而且不需要摺疊，更換方便，肌膚的觸感很好，嬰兒喜歡紙尿布。雖然價格昂貴，但是近來價格不斷下降。在量販店還可以有二、三成的折扣，可購買到便宜的尿布。

有人認為，以環保觀點來看並不好。「這會造成天然資源的浪費」、「垃圾該怎麼處理呢？」女性的生理用品不是用後即丟嗎？紙尿布的情形也是一樣的。

布尿布必須清洗。要使用大量的水，要使用洗劑，會污染下水道。「不會傷害嬰兒的肌膚」，這類柔軟劑更會污染下水道。

「紙尿布讓嬰兒覺得太舒服，恐怕不容易拿掉尿布」，雖然有人這麽說，但可別小看了孩子。

成長後的孩子，不論對於紙尿布或布尿布，「尿布弄髒」的不快感，孩子也無法忍受。

我並不是說紙尿布比布尿布好，只要適合孩子，二者都可以。

精神論與折衷法

有些爺爺奶奶認為「使用布尿布的才是好媳婦。使用紙尿布的媳婦不好」，有些人會有這樣的感覺。

「孩子好可愛，母親當然要親手為孩子做尿布才對」，這是一種精神論。

對母親而言，使用紙尿布的確非常輕鬆，但是還是有些缺點。「想要好好照顧子女也不一定要花太多的錢，同時也要節省資源」，有些母親認為這樣才是正確的作法。

所以很多母親認為，「平常用布尿布，夜晚或外出時用紙尿布」，可以採用這種折衷法。

因為是自己的孩子就可以不在乎嗎？

成為父母後，自己孩子的排泄物都不髒了」。由於有這種感覺，因此，在人前換尿布，也不會有抵抗感。

的確，也許你不覺得孩子的排泄物髒，也能忍受它的臭味。

但這因為是「自己的孩子」。

經常看到夫妻在車上為孩子換尿布。

「呀！尿布濕了」，「嗯，這個大便看起來有點軟軟的」。

在餐廳中，甚至鄰桌的母親正在為孩子換尿布。

單身時你可能有這種經驗，也許你會生氣地說：「太過分了！」在那兒生氣。

但是周圍的人，可能都會抱持寬容的態度。「孩子嘛，所以沒辦法」，甚至有人會說：「呀！好可愛的嬰兒，幾個月大了？」

但是不可過於放任。

在自己的周圍有人處理著排泄物，的確會讓人覺得不舒服。

為避免不必要的摩擦，必須注意基本的禮貌。

例如，有人在一旁為痴呆老人換尿布，你能允許嗎？如果能允許為嬰兒換尿布，為什麼不能允許為特殊的老人換尿布呢？

所以，在公共場所為嬰兒換尿布仍需儘量避免。

男性為嬰兒換尿布要大膽迅速

不論是布尿布或紙尿布，更換時必須注意的是，當嬰兒裸露下半身時，「呀！大便啊，該怎麼辦才好」這種慌張的行為是不值得原諒的。

POINT 1

保持M字型

嬰兒的M字型螃蟹腳是自然的型態，包尿布時不可以破壞這種型態。

尿布包得不好會引起骨關節脫臼。包尿布時要保留兩腿之間的適當鬆度，使兩腿能自由活動。抓起腳脖子將臀部往上抬是造成脫臼的原因，因此，必須將手輕輕地伸入臀部下方，溫柔地上

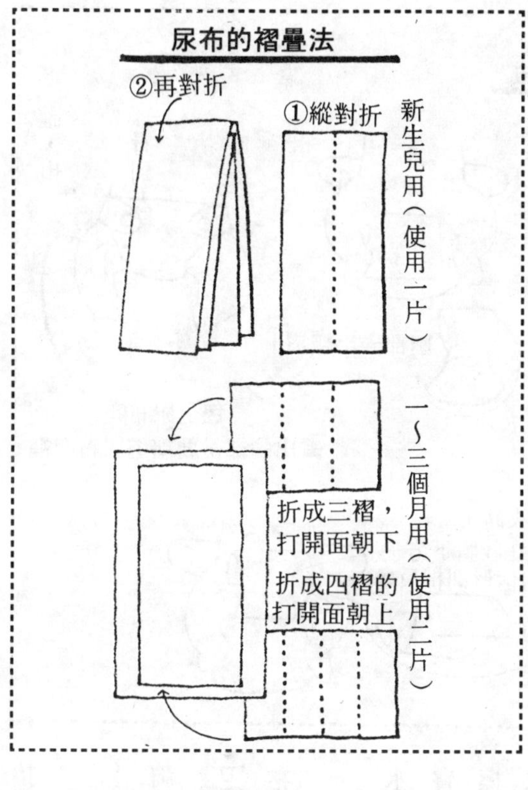

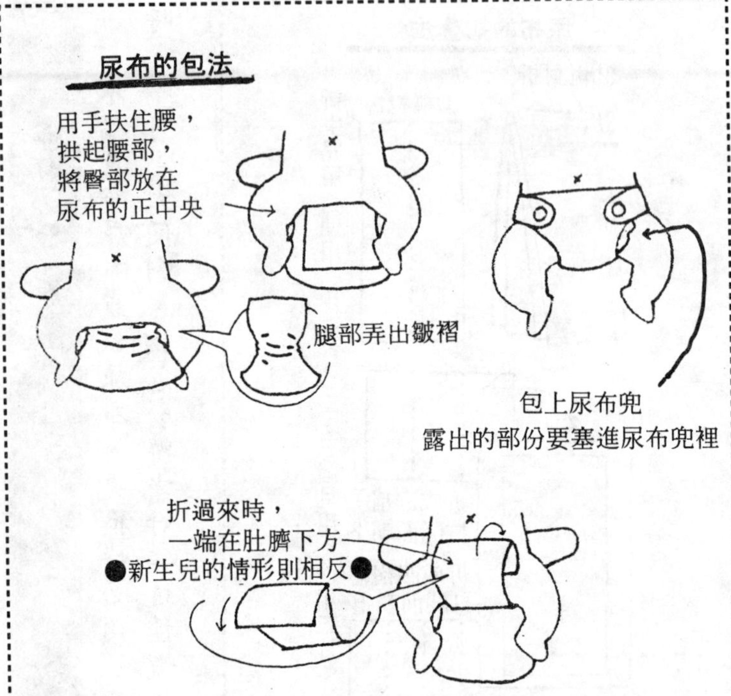

抬臀部。

不可以包得太緊，要留一～二指的寬度，同時要露出肚臍。

POINT 2 充分擦拭，充分乾燥

大便後更需這麼做，用溫水將紗布打濕後擰乾，將沾在臀部、大腿根部的排泄物完全擦乾淨。如果是女嬰，要由前往後擦拭，以免糞便進入尿道或陰道內。不需要塗抹爽身粉。充分擦拭後充分乾燥，才是防止尿布疹的基本方法。

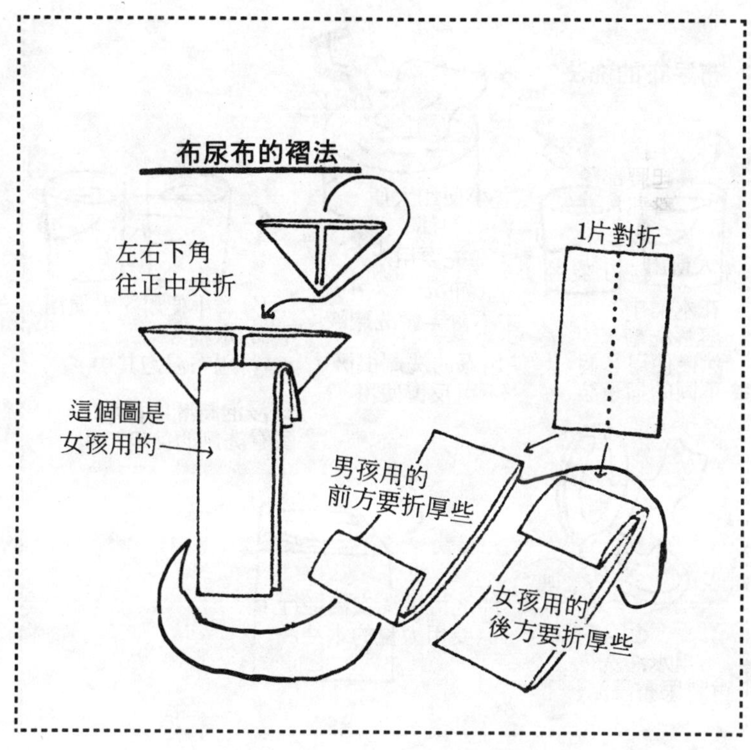

POINT 3 用尿布兜保護尿布

尿布外再兜上尿布兜，糞便就不會弄髒衣褲，處理上就輕鬆多了。

購買尺寸適宜的尿布和尿布兜。包好後不能讓尿布露在尿布兜之外。一旦露出，可能使小便、大便滲出。

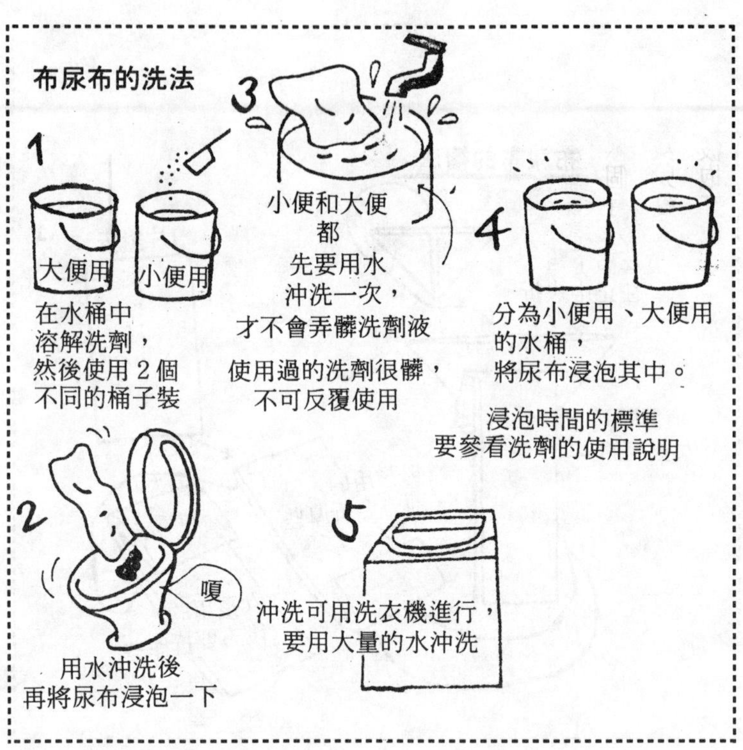

POINT 4 不要害怕清洗尿布

尿布經常會弄髒，布尿布當然需要清洗。尿布必須經常清洗乾淨。

沾了大便的尿布和沾了小便的尿布分開清洗後，再以專用洗劑清洗。

學會清洗法，克服抵抗感，就不再視洗尿布為難事了。每天清洗尿布也是高明的育兒方法，媽媽也能更為輕鬆。

21 一開始感到害怕的「抱」與「背」

■ 向媽媽和孩子誇示爸爸的臂力

既不是肚子餓，也不是尿布濕了，沒有什麼不舒服，為什麼一直哭泣呢，真傷腦筋——。有時只要抱抱孩子，就能使他停止哭泣。可是，抱新生兒的確令人害怕。「這麼軟怎麼抱呢？」也許你會這麼想。但是，不可以認為「好像抱一個柔軟的東西似的」來抱孩子。當父親感到害怕時，孩子也會感到畏懼而啼哭。

會養成「愛抱」的習慣嗎？

「如果抱得太多，可能養成孩子喜歡被抱的習慣」，也許很多爺爺奶奶會有這種擔心。但我從來沒有聽說過有「愛抱」的習慣而令人感到困擾。

孩子六個月大之前，儘可能抱抱他吧！

如果女兒養成了孩子喜歡被抱的習慣，外公、外婆也被迫要抱孩子，這也不是什麼壞事呀！一旦被抱在懷中，嬰兒就會感到安心，為了使孩子的智慧發達，有的專家認為應該多抱抱孩子。等到嬰兒到了六個月大、一年大以後，還是喜歡被媽媽抱，而不是被爸爸抱。

但是，也有些孩子已經養成了「喜歡讓爸爸抱，而不是媽媽抱」的習慣。

這時可展現爸爸的臂力。讓爸爸抱嬰兒，媽媽做些家事，如此一來就輕鬆多了。

孩子出生後三個月大之前，每次抱孩子只限於十五分鐘。抱得太久反而會使孩子疲倦。

頸部挺直之前的抱法

嬰兒的頸部挺直約在出生後四個月大時。在此之前必須用手掌或手臂支撐搖晃的頸部。

①單手手掌支撐頭

由後頭部支撐頸部。利用手臂支撐也可以。

②另一隻手托住臀部

手插入股間支撐身體。如果將嬰兒的腳一起抱住，可能會引起股關節脫臼。

只要遵守上述①②項，不論直抱或橫抱都沒有危險。

③直抱

讓嬰兒打飽嗝時的抱法。用手掌牢牢支撐頸部和臀部。

④橫抱

從直抱姿勢變成讓嬰兒側躺，用手臂支撐嬰兒的頸部。手臂交叉，讓嬰兒側躺較容易抱。

⑤單手抱

習慣後能用單手抱，讓嬰兒的頸部靠在自己手肘內側，並支撐其臀部。

餵奶時就必須採用這種抱法。

如果盤腿坐時，讓嬰兒躺在兩腿間就能安心了。

頸部挺直之後的抱法

頸部挺直後，只要支撐嬰兒的腰部，讓他坐在膝上，或是趴在身體上的抱法都可以。

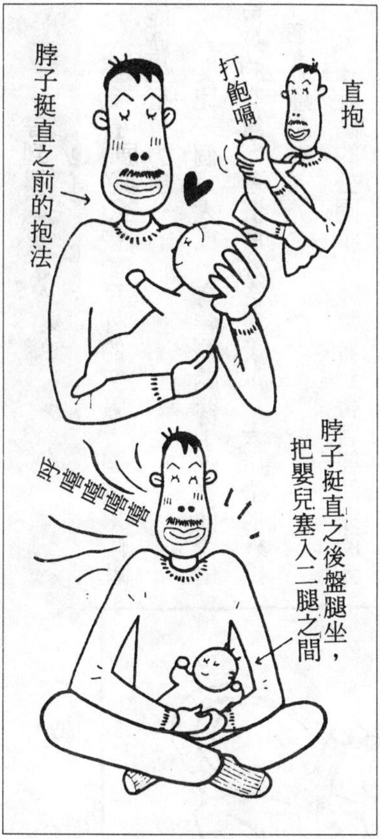

孩子過了四個月大後，對於外在的世界感到好奇的嬰兒，有時不喜歡和父母面面相對，而喜歡往前看。用雙手在自己身體前做個圈（單手也可以），好像讓嬰兒攀爬似地較容易抱。

爸爸背著嬰兒外出

嬰兒有時必須接觸戶外的空氣，曬曬太陽就能產生抵抗力。

嬰兒一個月大後，有時要開窗子，讓他習慣戶外的空氣。習慣戶外空氣後，一天可帶他外出三十分鐘左右。

在社區的公園中，經常看到帶著嬰幼兒的太太們聚集在一起。「為了讓嬰兒享受日光浴啊！」理由就在於此（我想應該不只是這樣吧）。

抱在胸前……

二個月之前帶嬰兒散步，用抱的方式比乘坐嬰兒車更好。到了四個月大後，脖子挺直了，可以用背的，將孩子背在背上，雙手可以拿行李。但是……。男人背孩子的姿態也許有的人覺得很難看。現在也有肩背式的坐椅，可以讓嬰兒坐在爸爸的背後。

如果能使用肩背式坐椅，應該就不會產生抵抗感了，但是目前在國內並不普遍。

如果能夠背著孩子，減輕妻子的負擔，不也是很好的事嗎？

採用前背法，要注意腳邊的情形

現在媽媽們以前背式為背孩子的主流。有前背、後背兼用的背帶。善用背帶後，雙手就能自由運用了。

與後背式相比，前背式較美觀，但是看不到腳下的情形，因此容易跌倒，也可能踩到狗大便，必須要小心。

嬰兒與爸爸二人相處

可以背著孩子在住家周圍走十～十五分鐘。

冬天時要為孩子戴上帽子。

媽媽沒有跟在旁邊也不要緊。有時候，為了讓媽媽從育兒工作中完全放鬆，爸爸可以帶孩子去散步。這時大家都會誇你「真是好爸爸喔！」

嬰兒想吃奶時就會哭泣，這時就可以回家了。

「讓男人獨自帶孩子散步，不是怪怪的嗎？」不需要有這樣的煩惱。

也許有的人會覺得很奇怪，但是你不會被人誤認為是誘拐小孩的壞人。如果出聲和你打招呼的女性，可能也一樣擁有孩子吧！

台詞一定是：「呀！今天和爸爸一起出來啊！」

男人很少和鄰居們交往，趁這個時候露臉也不錯。

嬰兒和爸爸一起到社區公園散步，對父子而言，都是很好的開始。

男人到了休假日說：「我到哪兒去玩玩呀！」可能就要到小鋼珠店去了，這時如果讓他帶著嬰兒去「呼吸戶外的新鮮空氣」，他就不會進入「空氣不好的娛樂場所」了。

22 舒適的洗澡時間由爸爸負責

■據說「爸爸也喜歡和孩子泡澡」

嬰兒的新陳代謝旺盛，身體容易弄髒，容易長痱子或尿布疹，因此，每天沐浴是不可或缺的。

但這是需要力氣的工作，剛出生的嬰兒大約有三公斤，並且會逐日增加重量。當然，當「爸爸拜託你呀！」的次數增加時，也許「休假日為孩子洗澡」，成為爸爸的例行工作了。

還不習慣為嬰兒洗澡時，也許會感到非常害怕。擔心手一滑孩子掉進水裡，或害怕耳朵、鼻子會進水，害怕嬰兒啼哭，害怕嬰兒感冒……。

但是只要好好抱著他，就能好好地洗個澡。泡澡時孩子會感到很高興，媽媽當然也會感到高興。

「好！今天爸爸就爲孩子洗個澡吧！」

出生後二個月大之前要用嬰兒澡盆

為避免病原菌感染，嬰兒的臍帶未乾前，要使用專用澡盆（也可以使用大木桶，但是不可進入大人所使用的浴缸）。

通常在一個半月到二個月大時，需這麼做。此後就可以和大人一起洗澡了。三個月大後，可以到公共浴室泡澡，但嬰兒可能會在那兒小便或大便，因此，在沒有這些顧慮時，才可以帶孩子去。

該準備的東西

嬰兒脫光身體後才忙著找紗布，或是用浴巾擦身體後，忙著找換穿的衣服——為避免這些情形發生，需要的物品必須事先準備好。

①嬰兒浴盆

如果使用內側有吊床型網子的浴盆，或是有靠背的浴盆，不用抱著嬰兒也不必擔心嬰兒掉進去。

如果擱在地板上，下面一定要鋪塑膠墊。如果放在桌上，就不會對爸爸的手臂和腰造成負擔了。

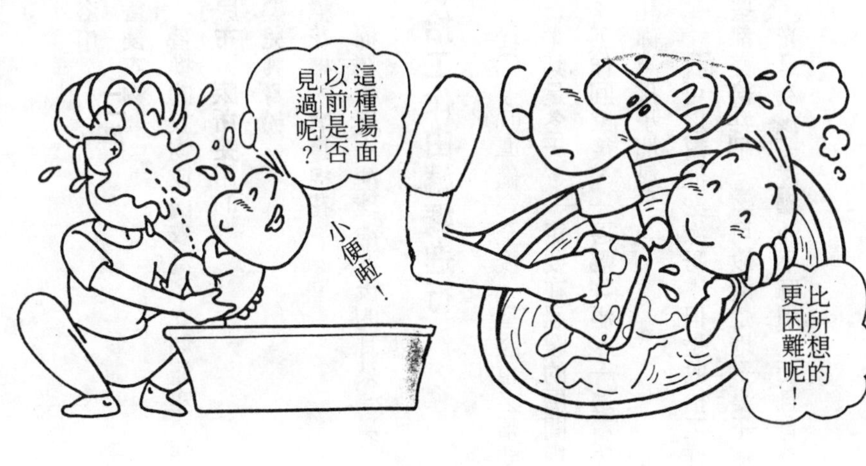

如果放在廚房的流理台上，換水時非常方便。

②洗臉盆

用來裝澆淋身體的溫水。使用大碗或鍋也可以。

③水壺

用來加熱水用。

④沐浴用溫度計

夏天以攝氏三十八度，冬天以四十度為適溫。

⑤肥皂

如果是大人用的，刺激性少一點的也可以。有些是沐浴、洗髮兩用的。

⑥紗布

當成沐浴布（蓋在身體上使用），也可做為洗臉、洗手的毛巾。

⑦浴巾

⑧替換衣物

替換的衣物或內衣為了立刻能穿，要事先準備好。

⑨尿布、尿布兜

⑩嬰兒爽身粉

⑪棉花棒、消毒棉花

棉花棒用來清理清洗後的耳朵、鼻子。消毒棉花用來護理肚臍。

收拾工作由媽媽進行

從①~⑪準備齊全後，室溫也必須要調節。

尤其是冬天，一定要在溫暖的房間裡讓嬰兒洗澡。

工作回家後，一邊喝啤酒、一邊看棒球賽、足球賽，這時當然不希望妻子說：「爸爸，拜託你為孩子洗澡。」

「我可以幫他洗澡呀！但是收拾工作由你進行喔！像是用浴巾為孩子擦身體，清理耳朵這些都交給妳了。」可以清楚地對妻子這麼說。

光是為孩子洗澡並不麻煩，而且有爸爸的大手支撐著，嬰兒也會感到很高興。

■男人有男人的作法

育兒書上教導的「沐浴方法」是——開始時穿上內衣（沐浴布），放入洗澡水中，再慢慢脫掉內衣——有一些順序的說明。

這些「正確」的方法由媽媽去做，爸爸可以輕鬆地進行。

只要一條紗布就足夠了

以橫抱的方式「抱」嬰兒。為了避免水進入耳中，左手（慣用左手者則使用右手）的手掌放在嬰兒的頸部下方，用拇指和小指按住雙耳。

右手插入股間支撐臀部。將嬰兒脫得光光地放入浴盆中，嬰兒會感到不安。最好使用能覆蓋整個身體的紗布蓋在孩子身上。這個紗布也可做為洗臉、洗手的「毛巾」使用。神經質的媽媽可能會說：「洗臉不能用浴缸裡的水，要準備另外的水」，或是「要用不同的紗布洗臀部」，但是不需要這麼麻煩。

只要十分鐘就夠了

將嬰兒放入浴盆中後，可以放開托住臀部的右手，用這隻手拿紗布清洗嬰兒的臉。

眼睛從眼頭到眼尾的方向清洗。容易積存汚垢的頸部和耳朵後方，要塗抹肥皂，仔細清洗。頭髮則利用放在手掌上已經起沫的肥皂，好像畫圖似地清洗。

接下來洗身體。用紗布由上往下洗胸、手臂和腹部。

避免水進入耳中。然後將嬰兒輕輕翻過來，用紗布洗背部和臀部。

洗好後用紗布洗腳，最後仔細清洗外陰部。

將泡沫冲掉後，再用溫水沖洗就可以了。

光著身體進入洗澡水中清洗身體，到換穿新的衣服為止，全部過程大約在十分鐘以內。如果要泡個澡，也以五分鐘為限。如果爸爸也一起洗澡，媽媽可以拿著毛巾在一旁等待。當嬰兒洗好澡後，立刻把嬰兒接過去。

給嬰兒補充水分

為避免孩子洗完澡受涼，要趕緊擦乾嬰兒的身體，立刻為他穿上衣服。

用浴巾以輕拍的方式擦乾水分，不可用力摩擦。

避免爽身粉飛散在嬰兒的眼和口中，要輕輕地拍拭才行。用棉花棒清理鼻孔和耳朵，但不可深入深處。肚臍則利用消毒棉和紗布按壓，再貼上絆創膏。

為嬰兒補充水分，不論是溫開水或母乳（牛奶），嬰兒想喝時就餵他喝。

不能洗澡的時候

授乳過了一小時，孩子心情好的時候，可以為他洗澡。可以在白天為孩子洗澡，但是夜晚無法成眠的孩子就要利用傍晚為他洗個澡，就能睡得很好了。

發燒（比平常體溫高五分以上）、下痢、感冒時，不可以洗澡。不能洗澡的時候，必須將臉和臀部擦拭乾淨。可以用海棉清洗。讓孩子光著身子、蓋上浴巾，再用沾濕的海棉抹上肥皂，需要清洗的部份用浴巾包住，好像擦拭似地清洗。

用濕的紗布或毛巾擦去肥皂，再用乾毛巾擦一次。

身體不是很髒時，不要使用肥皂，只要用濕毛巾或海棉擦拭即可。

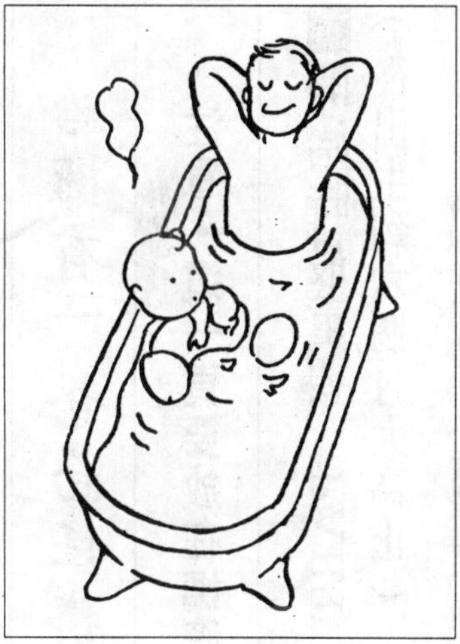

給擁有「爸爸任務」的男士們的建議

注意・這一頁要放在媽媽看不到的地方

■開始時最重要 PART 1
（從出生到六個月大為止）

●妻子請你沖奶時，不要消毒奶瓶或奶嘴。

「這種東西有什麼可消毒的呢！」你可以斬丁截鐵地這麼說。

「這種事情真是沒辦法交給你做。」妻子就會這麼說了。

●我生了女兒，很高興地為孩子換尿布。有機會摸到女兒的那個部份。

我感到很快樂，但從此以後，妻子就不再讓我為女兒換尿布了。

●孩子掉進浴缸中

我只是想和他玩一玩。沒想到孩子沒哭，妻子卻哭了。

●摸孩子之前不洗手。喝醉酒、不刷牙、不洗臉，親吻孩子的唇。妻子說：「以後不准靠近孩子。」

●「孩子的成長記錄之一」就是拍攝帶有糞便的尿布。每天都要測量所喝的牛奶量。

「爸爸根本不懂如何做育兒日記和撫育日誌」，妻子抱緊了孩子。

●妻子要我陪她到嬰兒檢診的衛生所，結果在那兒看到一個乳房的模型，教導乳癌的發現法。

抱著孩子時讓孩子摸母親的乳房，「你看，這是媽的ㄋㄟㄋㄟ耶！」自己也摸，妻子說：「下次不讓你來了。」

●要我做菜，我就去購買一些昂貴的材料。做完後也不收拾，要我清洗餐具，我把四周弄得濕濕的。要我燙衣服，我把衣服燙焦了。要我洗衣服，我放入大量洗劑，甚至把洗衣精和柔軟劑都弄錯了。要我曬衣服，結果我把妻子的內褲曬在陽台前面。

妻子不再說：「你來幫忙吧！」

■開始時最重要 PART 2 （七個月大到一歲為止）

●「聽說營養員高菜先生為了照顧孩子得了腦溢血……。真是可憐。這就是過勞死吧！」在社區公寓這種說法似乎不適用。

●泡澡時進行「性教育」，剛開始時妻子笑而不答，後來卻非常生氣。

●「唉，一直忙著照顧孩子，現在好累啊！身體好痛啊！」沒有辦法起床。

「要遲到了」、「你的身體不要緊吧！」妻子很擔心，但是這天和客戶有約，不能遲到。

●星期六下午妻子留在家中，父子倆一起去參加社區的集會，也到附近游泳池游泳。

「那是某某太太的先生耶……」附近的人指指點點，後來妻子懇求我「你們不要再兩個人一起出去了」。

●斷奶食的正確作法應該是「以口傳口的方式」餵食。

因此，我先把食物放進自己嘴巴裡，咀嚼後再餵孩子吃。其他的哺乳類、鳥類不都是以這種方式餵哺子女嗎？

但是妻子氣得臉色發青。

●「我教你職業摔角」，我讓孩子趴著，用腳趾為他搔癢，孩子非常興奮。

記得我在孩提時代，這種作法讓我覺得很舒服，但妻子卻不許我再玩這種職業摔角的遊戲了。

理論武裝

●精讀育兒書、育兒雜誌，當妻子說東時我就說西，用各種道理加以否定，妻子只好沈默不語。

●「爸爸的任務和媽媽的任務不是不同嗎？」拿出心裡學的書籍來，試著說服妻子。

光是看到書的封面，妻子就說：「好，我已經知道了。」投降了。

●「我幫妳做育兒工作，但是妳要做我的工作喔！」

「你要我做家事嗎？」

「是呀，不是要我洗餐具、做家事嗎？」

「只要我洗餐具嗎？」

「喔，那你把我的企劃書也寫一寫好了。」

●妻子要我看育兒雜誌，上面的報導是「爸爸在育兒工作上非常活躍」，或是「○○先生懂得育兒」。

我翻開第一面，上面卻寫著「我們家的爸爸什麼也不做，真是令人感到困擾」。

與這些人相比，我覺得自己還算好的呢！

金錢問題，家中的問題

●「為了孩子著想，應該搬到有庭院的住家比較好。」

「應該要搬到空氣好的地方吧！」

收集了很多不動產廣告讓我看。「我現在能買也只能買這一類的房子，當然你也必須拿點錢出來喔！」

到都市為止費時三小時。到車站時，坐巴士要三十分鐘，然後走路二十分鐘。這兒應該能夠呼吸到新鮮空氣了吧！

●我和父母住在一起。我也知道妻子想到外面住。「孩子夜晚啼哭非常吵鬧，住在公寓裡會吵到別人。」

●「爸爸，你不要太浪費喔！」妻子對我這麼說。「喔！我們要節省多少錢呢？家計簿上的記錄是怎麼樣呢？你具體說來聽聽吧！」我問妻子。

這時妻子就沈默不語了。

●「育兒扣除額」、「扶養扣除額」、「醫療費扣除額」等，妻子並不知道這些保險和稅金的扣除，當然不能讓她知道。

●關於「兒童保險」或「教育基金」的儲蓄金，每個月要三萬元。不能把家計交給妻子，否則一切都被孩子給吸走了。

讓祖父母成為同志

●我先向自己的母親誇讚妻子。

「育兒工作她全都做得很好，而且從不抱怨呢！」

當母親來看孫子時說：「你真是太棒了。兒子一點都沒有幫忙。他什麼都不會，真是糟糕。一切都要麻煩了。」拼命地稱讚妻子。

至少這一天，妻子讓我喝酒了。

●我在那兒奉承岳母。「岳母呀！你真是很棒耶！請你教我沖牛奶的方法吧！」

「唉呀，讓你這個爸爸做這些事情，實在是做不來，還是交給我吧！」岳母就會這麼對我說。

●在妻子和岳母面前詢問岳父，「爸爸，你是不是有幫忙育兒工作呢？」

「沒這回事」，我想知道的是，會不會有人說沒這回事。

如果回答的是：「當然囉！」可就會為我添麻煩了。

爸爸做的嬰兒斷奶食

以前只喝牛奶，現在開始要吃斷奶食了

習慣湯匙是斷奶食的準備

嬰兒三～四個月大時，用湯匙餵他喝果汁或蔬菜湯。讓他習慣不同的味覺及湯匙的感觸。五～六個月大開始，可以餵食斷奶食。四個月大以前的嬰兒消化能力並不好，不能給予斷奶食。七個月大以後如果不開始採用斷奶食，在營養上會產生問題。嬰兒看到大人吃東西時，會發出想吃這些東西的訊號，這時就可開始餵他斷奶食了，把握時機非常重要。

每天用湯匙餵一次。先用湯匙餵比較濃稠的稀飯等，然後開始進入斷奶食。

從液體變成濃稠食物　斷奶初期

一週餵食三～四湯匙豆腐或蛋黃等不同的食物。漸漸增加量。剛開始時也許會吃得到處都是，沒有辦法吞嚥，這時可以用湯匙接住，再餵一次。不喜歡湯匙的孩子也不要勉強他。開始的一個月左右，可以混合各種食品，一天餵食十～十五匙，用餐為一天二次。要有

耐心。

在調理方面，主要是以磨碎、搗碎等方式為主。這個時期是練習吞嚥食物，味道當然要淡些。飯後則餵哺牛奶。

從濃稠到固體食物　斷奶中期

經過二個月時間習慣湯匙，能夠吞嚥濃稠食物後，將切成小塊的豆腐或切成五㎜長的烏龍麵煮軟之後餵食。柔軟度為能用舌頭和上顎搗碎即可。

送到口中時，可以做出吃東西的樣子和聲音，讓孩子模仿，孩子就能學會了。

雖然有些孩子已經長出牙齒了，但是此時還不能讓他吃太硬的食物。這個時期牙齦會發癢，為了磨牙可以讓他吃長條狀的蔬菜。

如果能好好地閉上嘴巴，就可以練習使用杯子了。

從吸啜食物到咀嚼食物　斷奶後期

學會用牙齦咀嚼食物的時期。

習慣一天二次的斷奶食後，慢慢增加為三次。從開始吃二餐進行斷奶食算起，過了二～三個月，就可以改為一天三餐了。牛奶量也要逐漸減少。三餐的情況，全部營養的三分之二由斷奶食取得，無法吃斷奶食的孩子，則必須更換強化營養素的牛奶餵食。但是吃得太多的孩子，必須注意肥胖的問題。牛奶或強化奶粉，一天只能攝取四〇〇～八〇〇ml。

持續用杯子的訓練。如果學會咀嚼法，可將煮軟的飯或麵包讓孩子吃。學會巧妙地咀嚼需要花較多的時間。孩子吃東西的能力在三歲以前尚未成熟，所以不要焦躁，也不能勉強。

活用嬰兒食品

每次都要為嬰兒做斷奶食，非常麻煩。因此可活用嬰兒食品，可節省很多時間。

大致的標準是，乾型的在初期使用；略乾型在中期、後期使用；濕型則分搗碎狀或顆粒狀，從初期到後期都可以利用。但是打開後要立刻吃完。

使用冷凍食品或素材罐頭都必須要檢查。活用嬰兒製品可節省為嬰兒做斷奶食的時間。

太過在意孩子吃東西的情形會導致焦躁

嬰兒吃東西時會弄髒是理所當然的事情。最重要的是要忍耐吃相不好，或邊吃邊玩、吃進嘴巴又用手拿出來再吃進去，或是玩湯匙，將食物由一個器皿移到另一個器皿中……，這些情形經常出現。

用餐時間為四十分鐘，如果不吃而光顧著玩，就把餐具收拾起來。只要肚子餓時，孩子就會拼命地吃。如果孩子邊玩耍而不認真吃東西，也要暫時忍耐，不要太在意。

爸爸的輕鬆斷奶菜單

穀類、芋類

●稀飯

飯一、水十的比例加熱煮成稀飯。米粒用匙背搗碎餵食。中期為飯一水七，後期為飯一水五的比例。

●麵包

初期將小片麵包浸泡在湯或牛奶中餵食。中期將麵包泡在蛋和牛奶中煎過後餵食。後期則是將寬一公分左右的吐司切成長條狀餵食。

●馬鈴薯

將煮軟的馬鈴薯搗碎，用熱開水或湯調成滑順的程度，加一些鹽調味。隨著斷奶期接近而逐漸固體化。或是利用微波爐加熱享用。也可以從馬鈴薯燒肉中取出馬鈴薯餵食嬰兒。

●烏龍麵

烏龍麵用湯煮軟，用湯匙背部搗碎餵食。可漸漸混入一些固體食物。

蛋白質

●豆腐

用淡味的湯煮好之後搗碎餵食嬰兒。也可以利用味噌湯、清澄的湯汁加倍稀釋後餵食。中期則可以使用湯豆腐、炒豆腐，後期可給予奶油煎豆腐。

●雞蛋

將蛋煮好後，蛋黃搗碎，用湯匙餵食。全蛋在過了八個月後才可以給予。中期可給予加入青菜的茶碗蒸，後期則給予加入牛奶的鬆軟炒蛋。

●牛奶

六個月開始加熱利用牛奶，過了一歲後可以直接喝。

●乳酪、酸乳酪

巴馬乾酪中混入蘑菇類使用。

乾乳酪則必須加點甜味。

●小魚乾

浸泡於熱水中去除鹽分。切碎後混合蔬菜或稀飯中。

●白肉魚

加熱後將魚肉剁碎，用湯調成糊狀，如果使用生魚片沒有魚刺，處理時較方便。

●肝臟

搗碎或活用嬰兒食品。加入酸乳酪更易食用。

●肉類

雞胸肉或絞肉要剁碎成糊狀。中期、後期時可以切成小塊用湯煮。

蔬菜、水果

南瓜、胡蘿蔔、蘿蔔、蕪菁、菠菜等煮軟後搗碎。冷凍食品用微波爐加熱，就可以趁早吃。中期則將青菜煮過之後切碎，做成燙青菜。後期可以切得較大些，做成涼拌。胡蘿蔔、南瓜等，可以從糊狀，變成中期的五㎜方形煮軟；後期則變成一公分正方形炒來吃。

番茄去皮及子搗碎後給予。將帶皮番茄放入保鮮膜中加熱三十秒後，浸入冷水中就可以迅速剝皮。用滾水代替微波爐也可以。中期時則切碎和絞肉一起煮。後期可切成一口的大小餵食。

蘋果、桃、梨、甜瓜、柑橘、香蕉等，最初要搗碎給予。

23 想哭的是爸爸呢……

孩子為什麼會夜啼

育兒用品的目錄或育兒雜誌的廣告上會寫「不管笑或哭，都是可愛的嬰兒」。

白天時嬰兒哭泣也很可愛，哭泣聲也很好聽。

但是，嬰兒有時會在夜晚啼哭，的確令人非常討厭。

嬰兒啼哭時

嬰兒啼哭通常是因為肚子餓或尿布濕了。或是感覺太熱、太冷，或是衣服太緊、身體發癢或某處疼痛。

雖說是癢和痛，但不一定是受傷，蚊蟲叮咬或生病。可能是衣服或尿布兜的鬆緊帶太緊，或是縫線刺激了肌膚所致。孩子自己也不知道該怎麼辦？因此會啼哭。

不知道嬰兒啼哭的理由，當然會使初次為人父母者慌了手腳。

「是不是生病了呢？可是沒有發燒呀！」

甚至，半夜送到醫院急救。

但是，嬰兒經常會因為「莫名其妙的寂寞」而啼哭，或是「不想睡」而啼哭。總是哭啊、哭啊！哭累了就睡了。

哭泣的孩子較容易長大

很有元氣的孩子也不可能一整晚啼哭。至多哭十分鐘～三十分鐘。

但是，不能因此而「放任不管」。

可能會吵到鄰居，或使父母睡眠不足——不只如此而已。

「嬰兒啼哭要儘可能加以應付」，這是為了促進嬰兒智育的發達，具有非常重大意義的作法。嬰兒哭的時候，爸爸媽媽可能會慌慌張張地換尿布或是餵他吃奶，或抱他。

父母這些情愛表現，就好像「帕布洛夫的狗的實驗」一樣。

嬰兒會漸漸地輸入這些實驗資料。一旦哭，媽媽就會抱他，或是爸爸就會陪他玩。

漸漸地，嬰兒就會記住「只要哭，做什麼都可以」。

比父母更聰明的嬰兒

和嬰兒相處二個月、三個月後，父母對於嬰兒哭泣的方式、哭泣的聲音都了解了，就知

道孩子為什麼啼哭。

「這種哭法是因為尿布濕了」，「這種哭法是因為口渴了」。

父母能夠針對嬰兒的哭泣方式而判斷其哭泣的理由，就是好的父母了，但是父母不都是這麼聰明的。

嬰兒有時會下意識地更換哭泣的方式。「好像火燒屁股似的哭泣」時，父母就會跑過來抱他。「啜泣」時，父母就會陪他睡覺或和他說話。

本能上會哭泣的嬰兒，利用哭泣當成溝通的管道。

所以嬰兒非常聰明，被嬰兒玩弄於股掌間的父母真是可憐呀……。

爸爸防止嬰兒夜晚啼哭的方法

孩子在夜晚時啼哭，對男人而言非常地痛苦，尤其是不明原因的啼哭，令人感覺非常疲倦，甚至連父母都想哭了。

「我明天還要上班呢！你就乖一點吧！」

媽媽也覺得很痛苦，「不可以讓爸爸睡眠不足喔」，雖然知道這一點，卻無可奈何。

抱著嬰兒半夜在外面漫步，媽媽真的是淚流滿面。

爸爸有責任也有義務

嬰兒夜晚啼哭可能會影響鄰居，這時需要事先向鄰居打招呼，住在公寓或大厦裡更是如此。

「既然是小孩嘛，也沒辦法」，並不見得每個人都有這樣的想法。也不只是由媽媽去打理這一切，爸爸有時也要向鄰居打招呼。

當然，爸爸對於嬰兒的哭聲也會感到很厭煩，但是不可以因此而責怪媽媽。雖然表面上裝成「這跟我沒關係」若無其事的樣子，但是媽媽還是會陷入育兒神經衰弱症中。

有時候，爸爸必須照顧嬰兒。和媽媽二個人抱著嬰兒，和媽媽進行夜晚的約會也不錯。

有車子的話可以開車，如此一來，嬰兒即使大聲啼哭也不會打擾到鄰居。

如果爸爸能這麼做，媽媽也會感到很滿意。

更換生活型態

夜晚啼哭的毛病，通常一個月內就能停止。或是十分鐘內就不再啼哭了。

如果持續哭個不停，就必須更換生活習慣了。

例如，更改洗澡的時間。原來是白天洗澡的話，可改為傍晚或晚上洗澡，爸爸也可以一起洗。

午睡時間太長或是傍晚很早就睡覺的孩子，可以讓他晚點睡。

大人整天關在房間裡也會有壓力積存。因此，要增加享受日光浴或外出的次數和時間。

但是，如果經常外出則必須要減少。

父母如果熬夜，孩子有可能也會熬夜。因此在深夜看電視、錄影帶，或是聽音樂時要注意音量。

當孩子的智慧逐漸成長時，白天所承受的刺激會殘留到夜晚。

例如，有許多客人來訪，或過度興奮、過度吵鬧時——

也會成為夜晚啼哭的原因。

原因不明的夜啼狀況，長久持續的情形並不少。

據說分為「真性夜啼」與「生理性夜啼」二種。

有時是因為惡夢造成的，有時因為一些小的關鍵而成為習慣，小孩身上可能會發生一些大人不了解的事情，造成幼兒啼哭。

爸爸媽媽輪番照顧

即使是夜晚啼哭，也能慢慢地平靜下來。所以，爸爸媽媽可以輪流交替照顧嬰兒。嬰兒學會「媽媽」或「拜拜」等話語後，就不會夜晚啼哭了。

但是媽媽旅行或住院時，孩子可能又開始夜晚啼哭——如果出現這種情形……。

如果孩子睡睡醒醒，醒過來後立刻啼哭的話，則最好讓他清醒久一點，再讓他睡覺。

嬰兒很喜歡媽媽的乳房，有時摸媽媽的乳房就能夠安心。

如果用牛奶餵哺嬰兒，則孩子很喜歡奶瓶的奶嘴，可以讓他含著奶嘴。

這時，可以讓孩子吸媽媽的乳房嗎？雖然沒有母乳，但是，嬰兒一定不會討厭媽媽的乳頭的。

24 和爸爸玩——嬰兒與爸爸和睦相處

■巨人與小孩一起玩

到孩提時代經常去的公園玩，卻發現「溜滑梯怎麼這麼小呀！」以前每天經過點心店時，覺得老闆娘很高大，但是現在怎麼變矮了呢？並不是因為年紀大了的結果。對於小孩而言，大人就是巨人，是怪獸。

能用單手包住孩子的爸爸，用手抱住孩子的爸爸，的確非常巨大。爸爸看起來就好像是國王或巨人一樣。

「啊——喔——」嬰兒

一、二個月大的嬰兒只會睡覺，自己不會翻身。

但是手腳會不斷地活動，並活動身體。

洗完澡後摸摸嬰兒的身體，可以做為爸爸和嬰兒的溝通。如此一來，可促使嬰兒的皮膚健康，同時可促進運動機能的發達。

三到四個月大時，嬰兒也會說出「啊——喔——」等的喃語。

同時也喜歡鈴鐺或搖鈴等會發出聲音的玩具。

爸爸可以一邊搖動搖鈴，一邊用嬰兒的語言和孩子說話。「媽媽不在家喔！」

等到脖子挺直以後，讓孩子趴著，他會將頭部和肩膀往上抬。爸爸可以仰躺著，讓嬰兒趴在爸爸巨大的胸前遊玩。

嬰兒很喜歡攀爬爸爸的身體。

讓嬰兒在爸爸的膝蓋上跳躍

孩子六個月大以後，足腰的力量鞏固，自己能夠調整身體的姿勢。就算做得不好，嬰兒也會用力扭轉腰部附近，而學會翻身。

此外，雖然不會爬或站，但是只要爸爸扶住其腰部，就能捉住爸爸的手臂和胸部，站在爸爸的膝蓋上。

這時，可以「讓孩子站在爸爸的膝蓋上跳躍」，讓孩子感到高興。

愈來愈可愛的嬰兒

這個時期的嬰兒充滿好奇心。

看到的東西就想去抓，想要的東西就想伸手去拿。抓住玩具後會將它搖晃，對於會發出聲音的東西會感到很高興。開始表達自己的意思。同樣是使用「啊——喔——」但是悲傷時和高興時的聲音、表情不同。有明顯的喜怒哀樂的表現。甚至會「咔、咔」地笑出來。

真的是非常可愛的時期。如果認為「夜晚啼哭，想要的東西就能得到」，表示其智慧已確立。

懂得分辨認識的人與陌生的人，因此有認生的表現出現。雖然很令人困擾，但你也會很高興地說：「他終於知道爸爸是誰了。」

嬰兒會凝視父母的的臉，而且會模仿其行為。

還沒有辦法吃斷奶食的嬰兒，當父母做出吞東西的動作時，嬰兒也會模仿這種吞食的動作。這一點非常可愛，對於上了年紀的老爸爸而言，會笑得嘴都合不攏地說：「喂，我是爸爸耶……」

■ 爸爸的身體是移動遊樂場

嬰兒七到八個月大時，能夠坐，也能爬行或站立。

嬰兒此時非常好動。對嬰兒而言，爸爸是最好的玩伴。

爸爸的身體可以當成盪秋千，可以當成溜滑梯，爸爸的身體就是嬰兒的遊樂場。

玩「開飛機」的遊戲

通常爸爸的身體比媽媽的大。手臂和胸也非常地堅固，能做一些媽媽做不到的事情。

爸爸仰躺，因腳夾住嬰兒的身體往上抬，或用腳底支撐嬰兒的身體，玩開飛機的遊戲。爸爸也喜歡這個開飛機遊戲的樂趣。

單手抓住嬰兒的二個腳脖子往上抬時，嬰兒好像「盤旋」在空中一般。這也是一種「技藝」表演。

孩子學會爬行後，就會開始爬沙發或是爬爸爸的身體。

但是，即使嬰兒非常高興，也不能和他玩得太過火。

孩子十個月到一歲大時，對於畫本有興趣。同時也可以和他玩滾球的遊戲。總之，爸爸是孩子的最佳玩伴。

浴室也是遊樂場

已經不再使用嬰兒浴盆的嬰兒，很喜歡和爸爸一起洗澡。

媽媽會說：「好好洗個澡，會變得很漂亮喔！」按照育兒書的方式為孩子清洗身體。

但是，嬰兒不只是要乾淨而已，還希望享受洗澡的樂趣。

爸爸雖然不知道洗澡的方法，但卻會和嬰兒玩。兩個人在浴缸裡遊玩，讓孩子感到很興奮。或是在浴缸中搖晃水，感覺好像坐船一般。

身體抹上肥皂後，光滑的身體可以進行肌膚接觸。「這就是洗身體喔！我們來跳個舞吧」，說一些孩子不懂的話，孩子也會感到高興。

對嬰兒發育而言不可或缺的遊戲

孩子很喜歡和爸爸一起玩遊戲。

媽媽可能會說：「這會弄髒身體」，或是說：「這麼做很危險喔！」大多會說一些「不行，不可以」的話。

不管是「開飛機」或其他遊戲，媽媽並不是做不到，而是覺得「太危險了……」，而感到害怕。

「爸爸只知道玩，也不會換尿布」，媽媽也許會發這樣的牢騷，但是爸爸的作法對於孩子的體育、智育而言，都有幫助。

開飛機等遊戲能夠促進運動能力的發達，攀爬能促進腳底的發達。

爸爸在玩飛機遊戲之前，也會說：「好，飛機要飛了，要飛高高囉！」這些話也能促進嬰兒語言能力的發達。

但是，有些孩子會感到害怕，這些孩子就必須慢慢地引導他們遊戲。孩子了解和爸爸玩很安心時，就會喜歡玩遊戲了。

■給「生氣」媽媽的建議Ⅲ

母乳、牛奶、斷奶食

◇因為母乳不夠而使用牛奶。為了學會泡奶的方法。「哎呀！一定要消毒才行」，「呀，這個太燙了」，母親會這麼說。但是我會泡牛奶就已經不錯了。

◇「還剩下很多母乳，你吸一吸吧」，聽妻子這麼說我感到很高興，但是真難吃呀，趕緊吐出來。妻子生氣地說：「你太過分了」，但是，難吃的東西就是難吃呀！

◇「不能光是依賴市售品，一定要自己做才行」，於是妻子買了搾汁機、調理器做斷奶食，可是嬰兒喜歡吃市售品，吃到這個含有「母親情愛」的斷奶食時，卻吐出來了。

◇我知道為嬰兒做稀飯的方法，但是我不懂為什麼一定要做牛奶粥呢？「你的食物和孩子的食物要分開做，不要覺得麻煩喔！」早知如此我還不如去買個便當來吃呢！

◇我去買牛奶回來，妻子卻說：「呀，不對，趕快去換！」可是罐裝牛奶名稱都相同，味道和成分應該也是一樣的呀！

爸爸，媽媽與尿布

◇妻子要我去買紙尿布，「哎呀，弄錯了，快去換」，可是尿布不都是同樣的名稱，機能應該是一樣的呀！

◇「你看，孩子尿尿了，可是尿布並沒有變成綠色的呀！」，「……」，可是紙尿布的廣告上卻說……」。哎，這樣的女人也能生孩子。

◇沾在布尿布上的大便拿到廁所去沖掉。我順便在馬桶中沖洗，這時妻子卻說：「好髒呀！」那麼，我該怎麼清洗呢？

◇擦餐具用的抹布和尿布一起放在洗衣機裡洗，我會產生抵抗感呢！

◇妻子會將三、四天的尿布一起清洗。髒了的尿布則泡在水桶裡，擺在盥洗室裡，但是我家的盥洗室和餐廳、廚房沒有隔間呢！

◇「洗尿布真是很辛苦呢！」妻子向我致謝，既然這樣，我們為什麼不換紙尿布呢！

爸爸媽媽和嬰兒的生活

◇這麼天晚上，孩子還是持續夜晚啼哭，因此我非常生氣。妻子說：「只知道把孩子推給我……」哭著抱起孩子走到外面去。結果剛好發生了地震，架上的喇叭正好掉落在妻子的被子上──。我和孩子救了妻子一命，妻子似乎忘了這件事情。

◇星期天如果不和孩子玩，妻子會非常地生氣。但是如果好好和孩子玩，妻子又會生氣地說：「讓他這麼興奮，晚上睡不著覺怎麼辦！」該怎麼做才好呢？

◇「男人啊，真是很厲害，在外面什麼事情都能做」，雖然別人這麼說，但是我想說的是：「女人才厲害呢！在外面什麼事都不用做」。

◇不管我要做什麼，妻子總是說：「孩子要花錢耶……」不讓我喝酒、不讓我抽煙，連中午休息時也不讓我喝咖啡、不讓我買雜誌……。甚至玩小鋼珠或賽馬這種可以賺錢的娛樂，她也說：「太浪費了！」

◇附近的媽媽們聚集在一起，偷偷說把孩子交給別人再去工作的媽媽的壞話。「孩子真可憐呀！要是我就做不到！」、「是啊！只不過是在外面打工嘛！」如果能找到讓各位全心全意工作的公司，請告訴我。

◇「我擔心會長蟎」，因此，就算是沒下雨，每天都要曬嬰兒的被子。不只是曬，還必須用力地拍打。只有二個月，被子就不能用了。

25 這時輪到爸爸出場

■嬰兒的疾病與問題處理法

生產之後，「呀，終於能夠安心了」，但是，大人與嬰兒的生活真的是這麽輕鬆嗎？最慘的是整天和嬰兒在一起的媽媽。可是爸爸卻不能袖手旁觀。

不能全部交給媽媽做

大部份的男人白天都在工作，因此，將帶孩子的事情交給妻子做，認為把一切交給媽媽就能安心了。

雖然是自己生的孩子，但媽媽和嬰兒是不同的兩個人，有時無法以心傳心。

尤其是初次生下孩子，爸爸媽媽都會感到很慌張。特別是受傷或疾病等問題發生時，一定要事先學習處理法才行。

意外事故的預防法是，隨著嬰兒的成長，在其活動範圍內，一切嬰兒以手能夠搆得到的東西都要移走。

最近，有一些為了孩子的安全的新製品上市。例如，避免孩子撞上傢俱的護墊，或是避免被孩子弄壞的電視，音響可以上鎖，這些都是可以使用的東西。

儘量不要讓孩子離開自己的視線。但是有些狀況無法事先預防。如果要使工作發揮效率，爸爸也必須幫忙做家事。

嬰兒突然發生的變異

最令人擔心的就是疾病。到底什麼部位出了狀況？要了解嬰兒的健康狀況，就必須要仔細觀察孩子發出的訊息。

當然需要一些預備知識。初為人母者，經常和嬰兒在一起，就能從嬰兒身上學到很多。

也可以和附近鄰居多聊天，或閱讀雜誌，多學習一些知識。

爸爸也須擁有育兒知識，才能夠處理一些問題。例如，關於嬰兒疾病的書籍，有的不必刻意購買，可以向別人借閱。

如果丈夫也想看看這類書籍，相信妻子一定會很高興的。

擔心的症狀及不用擔心的症狀

嬰兒的疾病是否屬於危險的狀態，有時很難判斷。

例如，發高燒、身體倦怠，就必須立刻送到醫院。

孩子生病時，如果遇到醫院的休診日，或是半夜時，慌張無濟於事，可能會使嬰兒陷入危險狀態中，像這種情形非常多。

為了避免因焦躁而誤事（突然跑到醫院去，結果並不是大病），要事先決定就診的醫院，擁有家庭醫師。

如果接受定期的健康診斷，了解平常的狀態，遇到突發狀況時，也可以利用電話向醫生詢問。選擇家庭醫師非常地重要。可以請教附近媽媽們的意見做為參考。無法聯絡上救護車或借到車子時，可以利用各醫療院所一覽表請求支援。

遇到偶發事態時，媽媽會覺得非常不安，這時能夠依賴的只有爸爸而已。爸爸絕對不要慌了手腳，否則一點幫助也沒有。

■了解嬰兒疾病的訊息

知道基本的健康狀態

經常接觸孩子的媽媽當然了解孩子的健康狀態。例如，身體發燙，或不吃奶、有下痢傾向，或是沒有元氣等，是與平常不同的症狀。

爸爸也要觀察嬰兒，經常與嬰兒做肌膚接觸，平常就要注意這些問題。

症狀檢查◇哭泣方式

嬰兒哭泣時，就是表現他的不快感。

餵他吃奶或換尿布、逗弄他，如果能夠停止哭泣就沒有問題。如果繼續啜泣或大聲哭泣時，就必須注意了。要確認有沒有發燒，身體有沒有異常，決定是否送醫。

症狀檢查◇發燒

有的人一看到孩子發燒就會手忙腳亂。但是應該先觀察狀況。如果還能吃奶、笑得很有元氣，就不要慌張。除此之外，其他情形就要趕緊和醫院聯絡。

嬰兒和大人的體溫都具有個別差異。因此，必須先了解平常的體溫才行。

症狀檢查◇嘔吐

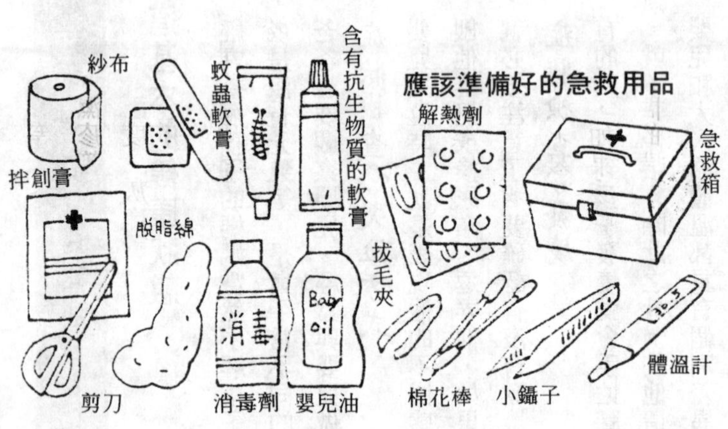

嬰兒期的孩子會出現生理性的嘔吐。如果流出一些奶汁稱為「溢乳」，吃得過多或變換姿勢時會發生。授乳後如果吐出乳汁，是因為吐出吸入的空氣，此時不用擔心。

另一種噴乳則是好像噴泉似地吐奶時，必須要注意，有可能是疾病。

症狀檢查◇便秘與下痢

排便的次數及規律具有個別差異。如果沒有覺得不舒服，也沒有痛苦的樣子，即使是數天的便秘也不用擔心。

嬰兒的糞便狀態、顏色、氣味，是健康的象徵，因此必須注意。

如果下痢嚴重時，要趕緊送醫院。

症狀檢查◇皮膚

纖細的嬰兒肌膚，新陳代謝旺盛，一定要經常保持清潔。如果因為使用的肥皂造成濕疹，或是尿布疹等，各式肌膚問題非常多。

發疹或濕疹等嚴重時要送到醫院去。

室內的溫度、灰塵和蟎等也必須要注意。要經常打掃環境。

症狀檢查◇其他

這是不是異常症狀呢？觀察到一些症狀時，有的人會參考家庭醫學辭典，如果感到不安，則必須送孩子就醫。與其依賴市售藥，還不如使用醫院的藥物較沒有問題。

在醫院的注意點

帶孩子就醫的注意點，就是穿著容易穿脫的服裝。到醫院去的並不只有你家的孩子而已，一定要使診察能夠順利進行。

令人擔心的糞便或嘔吐物也要帶給醫生看。考慮等待的時間，要準備必要的物品。

診察時，如果能夠說明何時開始產生何種症狀，事先將醫生可能詢問的問題找出答案，有助於診斷。

26 這個時期的教養很重要

可以責罵的時候，不可以責罵的時候

嬰兒時代的教養，最重要的就是「不可以做危險的事情」，同時要他分辨「可以做的事」與「不可以做的事」。

家中充滿危險

嬰兒可能用手摸爐子而燙傷。可能把煙放進嘴裡，也可能會套上塑膠袋而導致窒息——。在一歲大以前，這一切都是「父母的責任」。讓嬰兒待在爐子旁邊是父母的疏失。把煙和塑膠袋放在孩子拿得到的地方，也是父母的疏失。

但是，就算你對孩子說「不行」、「危險」，孩子也不懂。一定要記住這一點。

十個月大後再教導孩孩子「不行」

孩子過了十個月大以後，漸漸能夠了解「不行」、「危險」的意義。

「先前說過好幾次，他還是這麼做……」，雖然你感到生氣，但是孩子並不了解。所以要很有耐心地反覆敎導。利用「好痛喔」、「燙燙喔」的話語和表情傳達你的想法。

爸爸媽媽連續說「不行」時，在真正遇到萬一時，可能無法發揮效果。

平常溫柔的父母，突然生氣地責罵孩子「不行！」，孩子就可以記住這是危險的東西，或是不能摸，不能吃的東西。

在家中大而化之

孩子能夠自由使用手以後，什麼都想玩，什麼都想摸。

不要隨便用「不行」、「不可以」來制止他。讓他去摸各種東西、去拍、去移動，如此一來才能促進嬰兒的學習及成長。

電話對嬰兒而言，就好像是玩具一樣。他會去壓按鍵，使其發出聲音。嬰兒把電話當成可愛的玩具之一。

嬰兒會將衛生紙從紙盒中抽出來，這也是一大樂事。使得房間裡堆滿衛生紙。

也可能拉扯個人電腦的電線，使得爸爸好不容易整理好的資料，全部都毀於一旦。可能會弄壞擺設的裝飾品或娃娃，可能會胡亂敲打鋼琴……。

等到孩子二、三歲大時再責罵他、制止他。可是現在則必須忍耐、忍耐，再忍耐。

除了虐待動物外，其他事情不用太在意……

好奇心旺盛的嬰兒，就算你責罵他「不可以摸」也沒有效。在還沒有得到這個東西之前，他會不斷地哭泣。

嬰兒感到興趣的東西，只要不危險，就讓他玩，直到玩膩為止。危險的東西就放在嬰兒的手搆不到的地方。

但是，如果嬰兒欺侮貓或狗的時候，一定要好好地責罵他，阻止他這些行為。

在嬰兒周圍放置一些他可以去按壓、敲打、轉動的玩具。

如果不想讓孩子將家中搞得一團亂，給他一些玩具又何妨呢？

在餐桌上是忍耐大會

習慣斷奶食後，嬰兒開始想拿湯匙或餐具。有時會將整隻手放入餐具中。此時他還不會自己吃東西，但是，自己的臉和衣服及餐桌都會弄得髒兮兮的。

這時絕對不可以說「不行」。因為孩子內心有「想要自己吃東西」的慾望。

讓嬰兒拿著麵包、水果或是湯匙等，吸引他的興趣。爸爸媽媽則用另一個湯匙來餵食。

■生氣的方式、責罵的方式

媽媽常常說：「不行」、「快一點」、「停止」。即使做同樣的事情，也許爸爸或爺爺、奶奶會說：「好、好，真是好孩子。」

這樣會令孩子混亂。

爸爸媽媽的團隊精神

當孩子玩泥巴時，媽媽可能會很不高興。「好髒呀，趕快停止！」歇斯底里地叫著，但是爸爸卻跟孩子一起在玩。這之間的差距到底是什麼呢？就在於「可以做的事」與「不可以做的事」的判斷。所以，爸爸和媽媽基本上必須保持同樣的想法。

當媽媽對孩子說「不可以」而制止時，爸爸對孩子的態度也必須是「不行」。

爺爺奶奶可能會溺愛孫子，所以對孩子而言，爺爺奶奶成為休息場，這也是無可奈何之事。因為被父母責罵的孩子，一定要有一個逃避的場所。

不可以情緒化地責罵孩子

父母有時會焦躁，會把氣出在孩子身上。

會對正在高興玩樂的孩子說：「好吵呀！安靜一點！」不耐煩地叫著。

「昨天沒有被罵，為什麼今天會挨罵呢？」

孩子會變得不相信父母。

尤其是打孩子，這種──體罰，是最後的手段。孩子只要沒有欺侮其他孩子，或欺侮小動物，絕對不要體罰孩子，免得留下慘痛的回憶。

子女是父母的鏡子

如果父親隨地丟煙蒂或是空罐子，孩子也會模仿。如果父母無視於紅綠燈的信號而闖紅燈的話，孩子也會模仿。

所以，希望孩子遵守社會規律，父母必須以身作則。

孩子仍不會走路時，你就對孩子說：「綠燈才可以走喔！」或是「空罐要丟進垃圾箱喔！」這樣就能教導孩子一些社會規律。

「因為老婆婆會生氣喔！」

有些地方沒有設置紅綠燈，有些地方很少有人通過，因此有人會闖紅燈。

「孩子會模仿耶！」不可以這樣的理由責罵他人，因為教養子女是父母的責任。

「孩子會模仿，所以請停止播出這麼低級的節目」，有些人會向電視台投書，可是我認為這是很奇怪的作法。因為只要父母不讓孩子看這些節目不就好了。

在車上或餐廳中，也許你會說：「你看，這樣子老婆婆會生氣喔！」而在家中可能會說：「再這樣做的話，我就叫警察來喔！」

難道不讓老婆婆生氣就好了嗎？難道警察不來就夠了嗎？

父母應該有責任地說：「不可以為他人造成麻煩。」

也許有的父母會反駁，說道：「這麼說小孩也不懂呀！」

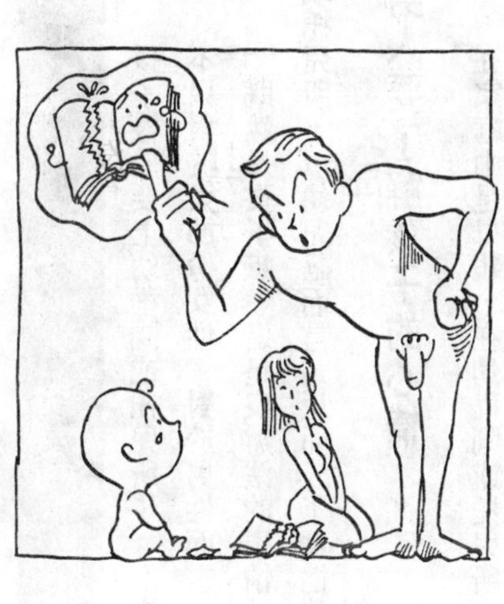

事實上，小孩非常聰明，不聰明的是父母。

孩子想要弄髒鄰座女性的衣服時，不要對孩子說：「你這樣做，老婆婆會生氣喔！」而應該說：「這樣做會弄髒老婆婆的衣服，不可以這麼做。」

但是，也許對方認為「我還不是老婆婆呢！」這時爸爸可能就會被人瞪一眼了。

■家庭中爸爸的存在——女人的邏輯．男人的邏輯

孩子終於要上幼稚園或托兒所了。「老師」或「保姆」幾乎都是女性。

不只對於大部份女性，對於男性而言，也會對於這種作法抱持疑問。「既然是孩子嘛，這是沒辦法的事情」，或是「孩子這樣子說，反而更可愛」。幼稚園或托兒所，以幼兒語而言，反而成了女性特定用語。

男人要了解孩子的心情

在家庭中是母親，在幼稚園或托兒所中被女性的老師或保姆包圍著，孩子可以說是在女性的價值觀中成長的。

父親面對孩子時，也許會告訴他不可以說一些幼兒語或女性用語。

但是，父親不可以要求被母親和女性保育人員包圍下的孩子改變話語。

孩子喜歡做一些母親或女人們對他說：「不可以做」的事情。

孩子喜歡看電視、打電動玩具，喜歡看漫畫。有時喜歡虐待兔子、小動物、狗或貓時，或是拔掉媽媽好不容易培養出來的花草或蔬菜等。

孩子這麼做，也許父母會很生氣地責罵他。

女人是大人，不了解孩子的想法。

男人有時就算是沒錢，也會想要一些東西。事實上，男人是孩子，所以應該了解孩子的心情。

像孩子、像男、像女

疼愛小動物或花草的孩子，會被認為是「溫柔的好孩子」。但是，虐待動物的孩子會被認為是「令人討厭的孩子」。的確如此，我們不能欺侮弱小動物。

但是，孩子並不打算這麼做呀！

在幼稚園或托兒所，可能老師會稱讚他「會大聲，很有精神地回答老師的問題」，或是「很大聲，很有精神地唱歌」。

孩子體內充滿活力。聲音好像從頭頂發出似的，否則就不像是孩子了。

但是，有的孩子會給大人帶來困擾，理由何在呢？

「難道喜歡大象，喜歡唱歌、跳舞的」就是好孩子，而「不喜歡動物，呆坐在一旁的」就是問題兒童嗎？

大人，尤其是女性，可能會任性地畫定一個「好孩子」的範圍，而把孩子侷限在這個範圍中。請你不要再做這些「像女孩」、「像男孩」的舉動了。

即使主張男女平等的女性，看到男孩子哭泣時，會說：「男孩子怎麼可以哭呢？」這些作法會讓孩子們感到迷惘。

了解孩子的個性

「不像孩子的孩子」、「不像女孩的女孩」、「不像男孩的男孩」，這些也許就是他們的個性吧！

不必與周圍的人比較。母親可能會說：「和隔壁的○○相比，我們家的孩子……」，或是「幼稚園其他小孩都能做××事，我的孩子卻不會做……」，會加以比較。似乎不太標新立異的孩子，才能令父母感到放心。

有個女孩在繪畫的時候，完全不管老師對她說的：「要畫紅色的太陽」，或是「女孩要畫鬱金香」，而只用粉紅色和藍色的蠟筆描繪教室的風景。

這時老師說：「○○，你覺得教室看起來是這個顏色嗎？」擔心她有色覺異常的現象。母親感到很煩惱。「要不要送孩子到繪畫教室呀？」但是，這個孩子只想用這種顏色的蠟筆畫畫。

即使畫一幅「不像孩子畫的圖畫」又如何呢？對於孩子的才能，做父親的一定要包容和鼓勵。

■「好爸爸」檢查

Q1（出生後一個月～六個月）

□知道布尿布的包法
□知道紙尿布的處理方法
□會清洗布尿布
□會泡奶
□會餵奶
□會做斷奶食
□一週三次，親手餵孩子吃斷奶食
□一週三次，為孩子洗澡
□記住家中使用的牛奶、紙尿布的牌子
□知道讓嬰兒打飽嗝的方法
□知道嬰兒現在的身高、體重
□嬰兒夜晚啼哭時，會抱他，或帶他到外面去

□看到嬰兒的糞便，能夠了解健康狀態
□會為嬰兒剪指甲
□會陪嬰兒睡覺

Q2（出生後七個月～十二個月）

□一週二次，每次和嬰兒玩一小時以上
□知道嬰兒最喜歡的遊玩方式
□知道嬰兒最喜歡的玩具
□知道嬰兒最喜歡的場所
□知道嬰兒最喜歡的畫本
□知道嬰兒最喜歡的食物
□記住孩子「會爬的日子」、「會站的日子」
□知道嬰兒最初說的話
□聽到哭泣聲，知道嬰兒想要什麼
□了解嬰兒以「啊——喔——」的方式表達的意思
□抱孩子時，會實際感覺到「孩子長大了」

□每天和嬰兒說話

□抱孩子或背孩子外出，不會產生抵抗感

□一週一次，和嬰兒兩個人一起散步。

□和嬰兒玩時覺得最幸福……

Q3（與媽媽的關連）

□儘可能自己準備上班要穿的衣服和手帕

□為妻子和自己鋪床疊被

□儘可能早回家

□一週一次，打掃廁所和浴室

□一週做一次早餐

□晚酌或宵夜都自己做

□嬰兒夜晚啼哭時，不會責罵妻子

□當妻子說：「今晚不行」時，不會勉強妻子

□即使和妻子對立，也不會向自己或妻子的父母發牢騷

□對於妻子的化妝和髮型等，絕對不會說：「你應該再

打扮得漂亮一點」

□對於妻子做的菜或打掃、洗衣等，不會發牢騷

□每天都對妻子說一些體貼的話

□每天晚上聽妻子說：「今天發生了……」

□晚上晚回家時，不會吵醒睡著的孩子

□仔細進行孩子「成長紀錄」的照片和錄影帶整理工作

A、在各項目別中算出檢查數

「0～3」最差的爸爸

「4～12」好爸爸

「13～14」更好的爸爸

「15」令人感覺困擾的爸爸。至少應該擁有一些自己的興趣。否則無法離開孩子。

大展出版社有限公司 圖書目錄

地址：台北市北投區11204
致遠一路二段12巷1號
郵撥： 0166955～1

電話：(02) 8236031
8236033
傳眞：(02) 8272069

• 法律專欄連載 • 電腦編號 58

台大法學院 法律學系／策劃
法律服務社／編著

①別讓您的權利睡著了[1]	200元
②別讓您的權利睡著了[2]	200元

• 秘傳占卜系列 • 電腦編號 14

①手相術	淺野八郎著	150元
②人相術	淺野八郎著	150元
③西洋占星術	淺野八郎著	150元
④中國神奇占卜	淺野八郎著	150元
⑤夢判斷	淺野八郎著	150元
⑥前世、來世占卜	淺野八郎著	150元
⑦法國式血型學	淺野八郎著	150元
⑧靈感、符咒學	淺野八郎著	150元
⑨紙牌占卜學	淺野八郎著	150元
⑩ＥＳＰ超能力占卜	淺野八郎著	150元
⑪猶太數的秘術	淺野八郎著	150元
⑫新心理測驗	淺野八郎著	160元

• 趣味心理講座 • 電腦編號 15

①性格測驗１	探索男與女	淺野八郎著	140元
②性格測驗２	透視人心奧秘	淺野八郎著	140元
③性格測驗３	發現陌生的自己	淺野八郎著	140元
④性格測驗４	發現你的真面目	淺野八郎著	140元
⑤性格測驗５	讓你們吃驚	淺野八郎著	140元
⑥性格測驗６	洞穿心理盲點	淺野八郎著	140元
⑦性格測驗７	探索對方心理	淺野八郎著	140元
⑧性格測驗８	由吃認識自己	淺野八郎著	140元
⑨性格測驗９	戀愛知多少	淺野八郎著	160元

⑩性格測驗10　由裝扮瞭解人心	淺野八郎著	140元
⑪性格測驗11　敲開內心玄機	淺野八郎著	140元
⑫性格測驗12　透視你的未來	淺野八郎著	140元
⑬血型與你的一生	淺野八郎著	160元
⑭趣味推理遊戲	淺野八郎著	160元
⑮行爲語言解析	淺野八郎著	160元

•婦 幼 天 地•電腦編號16

①八萬人減肥成果	黃靜香譯	180元
②三分鐘減肥體操	楊鴻儒譯	150元
③窈窕淑女美髮秘訣	柯素娥譯	130元
④使妳更迷人	成　玉譯	130元
⑤女性的更年期	官舒妍編譯	160元
⑥胎內育兒法	李玉瓊編譯	150元
⑦早產兒袋鼠式護理	唐岱蘭譯	200元
⑧初次懷孕與生產	婦幼天地編譯組	180元
⑨初次育兒12個月	婦幼天地編譯組	180元
⑩斷乳食與幼兒食	婦幼天地編譯組	180元
⑪培養幼兒能力與性向	婦幼天地編譯組	180元
⑫培養幼兒創造力的玩具與遊戲	婦幼天地編譯組	180元
⑬幼兒的症狀與疾病	婦幼天地編譯組	180元
⑭腿部苗條健美法	婦幼天地編譯組	180元
⑮女性腰痛別忽視	婦幼天地編譯組	150元
⑯舒展身心體操術	李玉瓊編譯	130元
⑰三分鐘臉部體操	趙薇妮著	160元
⑱生動的笑容表情術	趙薇妮著	160元
⑲心曠神怡減肥法	川津祐介著	130元
⑳內衣使妳更美麗	陳玄茹譯	130元
㉑瑜伽美姿美容	黃靜香編著	150元
㉒高雅女性裝扮學	陳珮玲譯	180元
㉓蠶糞肌膚美顏法	坂梨秀子著	160元
㉔認識妳的身體	李玉瓊譯	160元
㉕產後恢復苗條體態	居理安•芙萊喬著	200元
㉖正確護髮美容法	山崎伊久江著	180元
㉗安琪拉美姿養生學	安琪拉蘭斯博瑞著	180元
㉘女體性醫學剖析	增田豐著	220元
㉙懷孕與生產剖析	岡部綾子著	180元
㉚斷奶後的健康育兒	東城百合子著	220元
㉛引出孩子幹勁的責罵藝術	多湖輝著	170元
㉜培養孩子獨立的藝術	多湖輝著	170元

㉝子宮肌瘤與卵巢囊腫	陳秀琳編著	180元
㉞下半身減肥法	納他夏・史達賓著	180元
㉟女性自然美容法	吳雅菁編著	180元
㊱再也不發胖	池園悅太郎著	170元
㊲生男生女控制術	中垣勝裕著	220元
㊳使妳的肌膚更亮麗	楊　皓編著	170元

・青春天地・電腦編號 17

①A血型與星座	柯素娥編譯	120元
②B血型與星座	柯素娥編譯	120元
③O血型與星座	柯素娥編譯	120元
④AB血型與星座	柯素娥編譯	120元
⑤青春期性教室	呂貴嵐編譯	130元
⑥事半功倍讀書法	王毅希編譯	150元
⑦難解數學破題	宋釗宜編譯	130元
⑧速算解題技巧	宋釗宜編譯	130元
⑨小論文寫作秘訣	林顯茂編譯	120元
⑪中學生野外遊戲	熊谷康編著	120元
⑫恐怖極短篇	柯素娥編譯	130元
⑬恐怖夜話	小毛驢編譯	130元
⑭恐怖幽默短篇	小毛驢編譯	120元
⑮黑色幽默短篇	小毛驢編譯	120元
⑯靈異怪談	小毛驢編譯	130元
⑰錯覺遊戲	小毛驢編譯	130元
⑱整人遊戲	小毛驢編著	150元
⑲有趣的超常識	柯素娥編譯	130元
⑳哦！原來如此	林慶旺編譯	130元
㉑趣味競賽100種	劉名揚編譯	120元
㉒數學謎題入門	宋釗宜編譯	150元
㉓數學謎題解析	宋釗宜編譯	150元
㉔透視男女心理	林慶旺編譯	120元
㉕少女情懷的自白	李桂蘭編譯	120元
㉖由兄弟姊妹看命運	李玉瓊編譯	130元
㉗趣味的科學魔術	林慶旺編譯	150元
㉘趣味的心理實驗室	李燕玲編譯	150元
㉙愛與性心理測驗	小毛驢編譯	130元
㉚刑案推理解謎	小毛驢編譯	130元
㉛偵探常識推理	小毛驢編譯	130元
㉜偵探常識解謎	小毛驢編譯	130元
㉝偵探推理遊戲	小毛驢編譯	130元

㉞趣味的超魔術	廖玉山編著	150元
㉟趣味的珍奇發明	柯素娥編著	150元
㊱登山用具與技巧	陳瑞菊編著	150元

・健康天地・電腦編號 18

①壓力的預防與治療	柯素娥編譯	130元
②超科學氣的魔力	柯素娥編譯	130元
③尿療法治病的神奇	中尾良一著	130元
④鐵證如山的尿療法奇蹟	廖玉山譯	120元
⑤一日斷食健康法	葉慈容編譯	150元
⑥胃部強健法	陳炳崑譯	120元
⑦癌症早期檢查法	廖松濤譯	160元
⑧老人痴呆症防止法	柯素娥編譯	130元
⑨松葉汁健康飲料	陳麗芬編譯	130元
⑩揉肚臍健康法	永井秋夫著	150元
⑪過勞死、猝死的預防	卓秀貞編譯	130元
⑫高血壓治療與飲食	藤山順豐著	150元
⑬老人看護指南	柯素娥編譯	150元
⑭美容外科淺談	楊啟宏著	150元
⑮美容外科新境界	楊啟宏著	150元
⑯鹽是天然的醫生	西英司郎著	140元
⑰年輕十歲不是夢	梁瑞麟譯	200元
⑱茶料理治百病	桑野和民著	180元
⑲綠茶治病寶典	桑野和民著	150元
⑳杜仲茶養顏減肥法	西田博著	150元
㉑蜂膠驚人療效	瀨長良三郎著	150元
㉒蜂膠治百病	瀨長良三郎著	180元
㉓醫藥與生活	鄭炳全著	180元
㉔鈣長生寶典	落合敏著	180元
㉕大蒜長生寶典	木下繁太郎著	160元
㉖居家自我健康檢查	石川恭三著	160元
㉗永恒的健康人生	李秀鈴譯	200元
㉘大豆卵磷脂長生寶典	劉雪卿譯	150元
㉙芳香療法	梁艾琳譯	160元
㉚醋長生寶典	柯素娥譯	180元
㉛從星座透視健康	席拉・吉蒂斯著	180元
㉜愉悅自在保健學	野本二士夫著	160元
㉝裸睡健康法	丸山淳士等著	160元
㉞糖尿病預防與治療	藤田順豐著	180元
㉟維他命長生寶典	菅原明子著	180元

㊱維他命C新效果　鐘文訓編　150元
㊲手、腳病理按摩　堤芳朗著　160元
㊳AIDS瞭解與預防　彼得塔歇爾著　180元
㊴甲殼質殼聚糖健康法　沈永嘉譯　160元
㊵神經痛預防與治療　木下眞男著　160元
㊶室內身體鍛鍊法　陳炳崑編著　160元
㊷吃出健康藥膳　劉大器編著　180元
㊸自我指壓術　蘇燕謀編著　160元
㊹紅蘿蔔汁斷食療法　李玉瓊編著　150元
㊺洗心術健康秘法　竺翠萍編譯　170元
㊻枇杷葉健康療法　柯素娥編譯　180元
㊼抗衰血癒　楊啟宏著　180元
㊽與癌搏鬥記　逸見政孝著　180元
㊾冬蟲夏草長生寶典　高橋義博著　170元
㊿痔瘡・大腸疾病先端療法　宮島伸宜著　180元
51膠布治癒頑固慢性病　加瀨建造著　180元
52芝麻神奇健康法　小林貞作著　170元
53香煙能防止癡呆？　高田明和著　180元
54穀菜食治癌療法　佐藤成志著　180元
55貼藥健康法　松原英多著　180元
56克服癌症調和道呼吸法　帶津良一著　180元
57Ｂ型肝炎預防與治療　野村喜重郎著　180元
58青春永駐養生導引術　早島正雄著　180元
59改變呼吸法創造健康　原久子著　180元
60荷爾蒙平衡養生秘訣　出村博著　180元
61水美肌健康法　井戶勝富著　170元
62認識食物掌握健康　廖梅珠編著　170元
63痛風劇痛消除法　鈴木吉彥著　180元
64酸莖菌驚人療效　上田明彥著　180元
65大豆卵磷脂治現代病　神津健一著　200元
66時辰療法——危險時刻凌晨4時　呂建強等著　元
67自然治癒力提升法　帶津良一著　元
68巧妙的氣保健法　藤平墨子著　元

・實用女性學講座・電腦編號 19

①解讀女性內心世界　島田一男著　150元
②塑造成熟的女性　島田一男著　150元
③女性整體裝扮學　黃靜香編著　180元
④女性應對禮儀　黃靜香編著　180元

・校園系列・電腦編號20

①讀書集中術	多湖輝著	150元
②應考的訣竅	多湖輝著	150元
③輕鬆讀書贏得聯考	多湖輝著	150元
④讀書記憶秘訣	多湖輝著	150元
⑤視力恢復！超速讀術	江錦雲譯	180元
⑥讀書36計	黃柏松編著	180元
⑦驚人的速讀術	鐘文訓編著	170元
⑧學生課業輔導良方	多湖輝著	170元

・實用心理學講座・電腦編號21

①拆穿欺騙伎倆	多湖輝著	140元
②創造好構想	多湖輝著	140元
③面對面心理術	多湖輝著	160元
④偽裝心理術	多湖輝著	140元
⑤透視人性弱點	多湖輝著	140元
⑥自我表現術	多湖輝著	150元
⑦不可思議的人性心理	多湖輝著	150元
⑧催眠術入門	多湖輝著	150元
⑨責罵部屬的藝術	多湖輝著	150元
⑩精神力	多湖輝著	150元
⑪厚黑說服術	多湖輝著	150元
⑫集中力	多湖輝著	150元
⑬構想力	多湖輝著	150元
⑭深層心理術	多湖輝著	160元
⑮深層語言術	多湖輝著	160元
⑯深層說服術	多湖輝著	180元
⑰掌握潛在心理	多湖輝著	160元
⑱洞悉心理陷阱	多湖輝著	180元
⑲解讀金錢心理	多湖輝著	180元
⑳拆穿語言圈套	多湖輝著	180元
㉑語言的心理戰	多湖輝著	180元

・超現實心理講座・電腦編號22

①超意識覺醒法	詹蔚芬編譯	130元
②護摩秘法與人生	劉名揚編譯	130元
③秘法！超級仙術入門	陸　明譯	150元

④給地球人的訊息　柯素娥編著　150元
⑤密教的神通力　劉名揚編著　130元
⑥神秘奇妙的世界　平川陽一著　180元
⑦地球文明的超革命　吳秋嬌譯　200元
⑧力量石的秘密　吳秋嬌譯　180元
⑨超能力的靈異世界　馬小莉譯　200元
⑩逃離地球毀滅的命運　吳秋嬌譯　200元
⑪宇宙與地球終結之謎　南山宏著　200元
⑫驚世奇功揭秘　傅起鳳著　200元
⑬啟發身心潛力心象訓練法　栗田昌裕著　180元
⑭仙道術遁甲法　高藤聰一郎著　220元
⑮神通力的秘密　中岡俊哉著　180元
⑯仙人成仙術　高藤聰一郎著　200元
⑰仙道符咒氣功法　高藤聰一郎著　220元
⑱仙道風水術尋龍法　高藤聰一郎著　200元
⑲仙道奇蹟超幻像　高藤聰一郎著　200元
⑳仙道鍊金術房中法　高藤聰一郎著　200元

•養 生 保 健•電腦編號 23

①醫療養生氣功　黃孝寬著　250元
②中國氣功圖譜　余功保著　230元
③少林醫療氣功精粹　井玉蘭著　250元
④龍形實用氣功　吳大才等著　220元
⑤魚戲增視強身氣功　宮　嬰著　220元
⑥嚴新氣功　前新培金著　250元
⑦道家玄牝氣功　張　章著　200元
⑧仙家秘傳袪病功　李遠國著　160元
⑨少林十大健身功　秦慶豐著　180元
⑩中國自控氣功　張明武著　250元
⑪醫療防癌氣功　黃孝寬著　250元
⑫醫療強身氣功　黃孝寬著　250元
⑬醫療點穴氣功　黃孝寬著　250元
⑭中國八卦如意功　趙維漢著　180元
⑮正宗馬禮堂養氣功　馬禮堂著　420元
⑯秘傳道家筋經內丹功　王慶餘著　280元
⑰三元開慧功　辛桂林著　250元
⑱防癌治癌新氣功　郭　林著　180元
⑲禪定與佛家氣功修煉　劉天君著　200元
⑳顛倒之術　梅自強著　360元
㉑簡明氣功辭典　吳家駿編　元

㉒八卦三合功　張全亮著　230元

•社會人智囊•電腦編號24

①糾紛談判術　清水增三著　160元
②創造關鍵術　淺野八郎著　150元
③觀人術　淺野八郎著　180元
④應急詭辯術　廖英迪編著　160元
⑤天才家學習術　木原武一著　160元
⑥猫型狗式鑑人術　淺野八郎著　180元
⑦逆轉運掌握術　淺野八郎著　180元
⑧人際圓融術　澀谷昌三著　160元
⑨解讀人心術　淺野八郎著　180元
⑩與上司水乳交融術　秋元隆司著　180元
⑪男女心態定律　小田晉著　180元
⑫幽默說話術　林振輝編著　200元
⑬人能信賴幾分　淺野八郎著　180元
⑭我一定能成功　李玉瓊譯　180元
⑮獻給青年的嘉言　陳蒼杰譯　180元
⑯知人、知面、知其心　林振輝編著　180元
⑰塑造堅強的個性　坂上肇著　180元
⑱爲自己而活　佐藤綾子著　180元
⑲未來十年與愉快生活有約　船井幸雄著　180元

•精 選 系 列•電腦編號25

①毛澤東與鄧小平　渡邊利夫等著　280元
②中國大崩裂　江戶介雄著　180元
③台灣•亞洲奇蹟　上村幸治著　220元
④7-ELEVEN高盈收策略　國友隆一著　180元
⑤台灣獨立　森　詠著　200元
⑥迷失中國的末路　江戶雄介著　220元
⑦2000年5月全世界毀滅　紫藤甲子男著　180元
⑧失去鄧小平的中國　小島朋之著　220元

•運 動 遊 戲•電腦編號26

①雙人運動　李玉瓊譯　160元
②愉快的跳繩運動　廖玉山譯　180元
③運動會項目精選　王佑京譯　150元
④肋木運動　廖玉山譯　150元

⑤測力運動　王佑宗譯　150元

・休閒娛樂・電腦編號27

①海水魚飼養法　田中智浩著　300元
②金魚飼養法　曾雪玫譯　250元

・銀髮族智慧學・電腦編號28

①銀髮六十樂逍遙　多湖輝著　170元
②人生六十反年輕　多湖輝著　170元
③六十歲的決斷　多湖輝著　170元

・飲食保健・電腦編號29

①自己製作健康茶　大海淳著　220元
②好吃、具藥效茶料理　德永睦子著　220元
③改善慢性病健康茶　吳秋嬌譯　200元

・家庭醫學保健・電腦編號30

①女性醫學大全　雨森良彥著　380元
②初爲人父育兒寶典　小瀧周曹著　220元
③性活力強健法　相建華著　200元
④30歲以上的懷孕與生產　李芳黛編著　元

・心靈雅集・電腦編號00

①禪言佛語看人生　松濤弘道著　180元
②禪密教的奧秘　葉逯謙譯　120元
③觀音大法力　田口日勝著　120元
④觀音法力的大功德　田口日勝著　120元
⑤達摩禪106智慧　劉華亭編譯　220元
⑥有趣的佛教研究　葉逯謙編譯　170元
⑦夢的開運法　蕭京凌譯　130元
⑧禪學智慧　柯素娥編譯　130元
⑨女性佛教入門　許俐萍譯　110元
⑩佛像小百科　心靈雅集編譯組　130元
⑪佛教小百科趣談　心靈雅集編譯組　120元
⑫佛教小百科漫談　心靈雅集編譯組　150元
⑬佛教知識小百科　心靈雅集編譯組　150元

⑭佛學名言智慧 松濤弘道著 220元
⑮釋迦名言智慧 松濤弘道著 220元
⑯活人禪 平田精耕著 120元
⑰坐禪入門 柯素娥編譯 150元
⑱現代禪悟 柯素娥編譯 130元
⑲道元禪師語錄 心靈雅集編譯組 130元
⑳佛學經典指南 心靈雅集編譯組 130元
㉑何謂「生」 阿含經 心靈雅集編譯組 150元
㉒一切皆空 般若心經 心靈雅集編譯組 150元
㉓超越迷惘 法句經 心靈雅集編譯組 130元
㉔開拓宇宙觀 華嚴經 心靈雅集編譯組 130元
㉕真實之道 法華經 心靈雅集編譯組 130元
㉖自由自在 涅槃經 心靈雅集編譯組 130元
㉗沈默的教示 維摩經 心靈雅集編譯組 150元
㉘開通心眼 佛語佛戒 心靈雅集編譯組 130元
㉙揭秘寶庫 密教經典 心靈雅集編譯組 130元
㉚坐禪與養生 廖松濤譯 110元
㉛釋尊十戒 柯素娥編譯 120元
㉜佛法與神通 劉欣如編著 120元
㉝悟（正法眼藏的世界） 柯素娥編譯 120元
㉞只管打坐 劉欣如編著 120元
㉟喬答摩・佛陀傳 劉欣如編著 120元
㊱唐玄奘留學記 劉欣如編著 120元
㊲佛教的人生觀 劉欣如編譯 110元
㊳無門關（上卷） 心靈雅集編譯組 150元
㊴無門關（下卷） 心靈雅集編譯組 150元
㊵業的思想 劉欣如編著 130元
㊶佛法難學嗎 劉欣如著 140元
㊷佛法實用嗎 劉欣如著 140元
㊸佛法殊勝嗎 劉欣如著 140元
㊹因果報應法則 李常傳編 140元
㊺佛教醫學的奧秘 劉欣如編著 150元
㊻紅塵絕唱 海 若著 130元
㊼佛教生活風情 洪丕謨、姜玉珍著 220元
㊽行住坐臥有佛法 劉欣如著 160元
㊾起心動念是佛法 劉欣如著 160元
㊿四字禪語 曹洞宗青年會 200元
51妙法蓮華經 劉欣如編著 160元
52根本佛教與大乘佛教 葉作森編 180元
53大乘佛經 定方晟著 180元
54須彌山與極樂世界 定方晟著 180元

㊺阿闍世的悟道　定方晟著　180元
㊻金剛經的生活智慧　劉欣如著　180元

・經 營 管 理・電腦編號 01

◎創新經營六十六大計（精）　蔡弘文編　780元
①如何獲取生意情報　蘇燕謀譯　110元
②經濟常識問答　蘇燕謀譯　130元
④台灣商戰風雲錄　陳中雄著　120元
⑤推銷大王秘錄　原一平著　180元
⑥新創意・賺大錢　王家成譯　90元
⑦工廠管理新手法　琪　輝著　120元
⑨經營參謀　柯順隆譯　120元
⑩美國實業24小時　柯順隆譯　80元
⑪撼動人心的推銷法　原一平著　150元
⑫高竿經營法　蔡弘文編　120元
⑬如何掌握顧客　柯順隆譯　150元
⑭一等一賺錢策略　蔡弘文編　120元
⑯成功經營妙方　鐘文訓著　120元
⑰一流的管理　蔡弘文編　150元
⑱外國人看中韓經濟　劉華亭譯　150元
⑳突破商場人際學　林振輝編著　90元
㉑無中生有術　琪輝編著　140元
㉒如何使女人打開錢包　林振輝編著　100元
㉓操縱上司術　邑井操著　90元
㉔小公司經營策略　王嘉誠著　160元
㉕成功的會議技巧　鐘文訓編譯　100元
㉖新時代老闆學　黃柏松編著　100元
㉗如何創造商場智囊團　林振輝編譯　150元
㉘十分鐘推銷術　林振輝編譯　180元
㉙五分鐘育才　黃柏松編譯　100元
㉚成功商場戰術　陸明編譯　100元
㉛商場談話技巧　劉華亭編譯　120元
㉜企業帝王學　鐘文訓譯　90元
㉝自我經濟學　廖松濤編譯　100元
㉞一流的經營　陶田生編著　120元
㉟女性職員管理術　王昭國編譯　120元
㊱ＩＢＭ的人事管理　鐘文訓編譯　150元
㊲現代電腦常識　王昭國編譯　150元
㊳電腦管理的危機　鐘文訓編譯　120元
㊴如何發揮廣告效果　王昭國編譯　150元

㊵最新管理技巧	王昭國編譯	150元
㊶一流推銷術	廖松濤編譯	150元
㊷包裝與促銷技巧	王昭國編譯	130元
㊸企業王國指揮塔	松下幸之助著	120元
㊹企業精銳兵團	松下幸之助著	120元
㊺企業人事管理	松下幸之助著	100元
㊻華僑經商致富術	廖松濤編譯	130元
㊼豐田式銷售技巧	廖松濤編譯	180元
㊽如何掌握銷售技巧	王昭國編著	130元
㊿洞燭機先的經營	鐘文訓編譯	150元
52新世紀的服務業	鐘文訓編譯	100元
53成功的領導者	廖松濤編譯	120元
54女推銷員成功術	李玉瓊編譯	130元
55ＩＢＭ人才培育術	鐘文訓編譯	100元
56企業人自我突破法	黃琪輝編著	150元
58財富開發術	蔡弘文編著	130元
59成功的店舖設計	鐘文訓編著	150元
61企管回春法	蔡弘文編著	130元
62小企業經營指南	鐘文訓編譯	100元
63商場致勝名言	鐘文訓編譯	150元
64迎接商業新時代	廖松濤編譯	100元
66新手股票投資入門	何朝乾　編	200元
67上揚股與下跌股	何朝乾編譯	180元
68股票速成學	何朝乾編譯	200元
69理財與股票投資策略	黃俊豪編著	180元
70黃金投資策略	黃俊豪編著	180元
71厚黑管理學	廖松濤編譯	180元
72股市致勝格言	呂梅莎編譯	180元
73透視西武集團	林谷燁編譯	150元
76巡迴行銷術	陳蒼杰譯	150元
77推銷的魔術	王嘉誠譯	120元
78 60秒指導部屬	周蓮芬編譯	150元
79精銳女推銷員特訓	李玉瓊編譯	130元
80企劃、提案、報告圖表的技巧	鄭　汶　譯	180元
81海外不動產投資	許達守編譯	150元
82八百件的世界策略	李玉瓊譯	150元
83服務業品質管理	吳宜芬譯	180元
84零庫存銷售	黃東謙編譯	150元
85三分鐘推銷管理	劉名揚編譯	150元
86推銷大王奮鬥史	原一平著	150元
87豐田汽車的生產管理	林谷燁編譯	150元

•成功寶庫•電腦編號 02

①上班族交際術	江森滋著	100元
②拍馬屁訣竅	廖玉山編譯	110元
④聽話的藝術	歐陽輝編譯	110元
⑨求職轉業成功術	陳　義編著	110元
⑩上班族禮儀	廖玉山編著	120元
⑪接近心理學	李玉瓊編著	100元
⑫創造自信的新人生	廖松濤編著	120元
⑭上班族如何出人頭地	廖松濤編著	100元
⑮神奇瞬間瞑想法	廖松濤編譯	100元
⑯人生成功之鑰	楊意苓編著	150元
⑲給企業人的諍言	鐘文訓編著	120元
⑳企業家自律訓練法	陳　義編譯	100元
㉑上班族妖怪學	廖松濤編著	100元
㉒猶太人縱橫世界的奇蹟	孟佑政編著	110元
㉓訪問推銷術	黃静香編著	130元
㉕你是上班族中強者	嚴思圖編著	100元
㉖向失敗挑戰	黃静香編著	100元
㉙機智應對術	李玉瓊編著	130元
㉚成功頓悟100則	蕭京凌編譯	130元
㉛掌握好運100則	蕭京凌編譯	110元
㉜知性幽默	李玉瓊編譯	130元
㉝熟記對方絕招	黃静香編譯	100元
㉞男性成功秘訣	陳蒼杰編譯	130元
㊱業務員成功秘方	李玉瓊編著	120元
㊲察言觀色的技巧	劉華亭編著	180元
㊳一流領導力	施義彥編譯	120元
㊴一流說服力	李玉瓊編著	130元
㊵30秒鐘推銷術	廖松濤編譯	150元
㊶猶太成功商法	周蓮芬編譯	120元
㊷尖端時代行銷策略	陳蒼杰編著	100元
㊸顧客管理學	廖松濤編著	100元
㊹如何使對方說Yes	程　羲編著	150元
㊺如何提高工作效率	劉華亭編著	150元
㊼上班族口才學	楊鴻儒譯	120元
㊽上班族新鮮人須知	程　羲編著	120元
㊾如何左右逢源	程　羲編著	130元
㊿語言的心理戰	多湖輝著	130元
㉛扣人心弦演說術	劉名揚編著	120元

㊸如何增進記憶力、集中力	廖松濤譯	130元
㊺性惡企業管理學	陳蒼杰譯	130元
㊻自我啟發200招	楊鴻儒編著	150元
㊼做個傑出女職員	劉名揚編著	130元
㊽靈活的集團營運術	楊鴻儒編著	120元
㊿個案研究活用法	楊鴻儒編著	130元
61企業教育訓練遊戲	楊鴻儒編著	120元
62管理者的智慧	程　義編譯	130元
63做個佼佼管理者	馬筱莉編譯	130元
64智慧型說話技巧	沈永嘉編譯	130元
66活用佛學於經營	松濤弘道著	150元
67活用禪學於企業	柯素娥編譯	130元
68詭辯的智慧	沈永嘉編譯	150元
69幽默詭辯術	廖玉山編譯	150元
70拿破崙智慧箴言	柯素娥編譯	130元
71自我培育・超越	蕭京凌編譯	150元
74時間即一切	沈永嘉編譯	130元
75自我脫胎換骨	柯素娥譯	150元
76贏在起跑點—人才培育鐵則	楊鴻儒編譯	150元
77做一枚活棋	李玉瓊編譯	130元
78面試成功戰略	柯素娥編譯	130元
79自我介紹與社交禮儀	柯素娥編譯	150元
80說NO的技巧	廖玉山編譯	130元
81瞬間攻破心防法	廖玉山編譯	120元
82改變一生的名言	李玉瓊編譯	130元
83性格性向創前程	楊鴻儒編譯	130元
84訪問行銷新竅門	廖玉山編譯	150元
85無所不達的推銷話術	李玉瓊編譯	150元

・處世智慧・電腦編號 03

①如何改變你自己	陸明編譯	120元
⑥靈感成功術	譚繼山編譯	80元
⑧扭轉一生的五分鐘	黃柏松編譯	100元
⑩現代人的詭計	林振輝譯	100元
⑫如何利用你的時間	蘇遠謀譯	80元
⑬口才必勝術	黃柏松編譯	120元
⑭女性的智慧	譚繼山編譯	90元
⑮如何突破孤獨	張文志編譯	80元
⑯人生的體驗	陸明編譯	80元
⑰微笑社交術	張芳明譯	90元

⑱幽默吹牛術	金子登著	90元
⑲攻心說服術	多湖輝著	100元
⑳當機立斷	陸明編譯	70元
㉑勝利者的戰略	宋恩臨編譯	80元
㉒如何交朋友	安紀芳編著	70元
㉓鬥智奇謀（諸葛孔明兵法）	陳炳崑著	70元
㉔慧心良言	亦　奇著	80元
㉕名家慧語	蔡逸鴻主編	90元
㉗稱霸者啟示金言	黃柏松編譯	90元
㉘如何發揮你的潛能	陸明編譯	90元
㉙女人身態語言學	李常傳譯	130元
㉚摸透女人心	張文志譯	90元
㉛現代戀愛秘訣	王家成譯	70元
㉜給女人的悄悄話	妮倩編譯	90元
㉞如何開拓快樂人生	陸明編譯	90元
㉟驚人時間活用法	鐘文訓譯	80元
㊱成功的捷徑	鐘文訓譯	70元
㊲幽默逗笑術	林振輝著	120元
㊳活用血型讀書法	陳炳崑譯	80元
㊴心　燈	葉于模著	100元
㊵當心受騙	林顯茂譯	90元
㊶心・體・命運	蘇燕謀譯	70元
㊷如何使頭腦更敏銳	陸明編譯	70元
㊸宮本武藏五輪書金言錄	宮本武藏著	100元
㊺勇者的智慧	黃柏松編譯	80元
㊼成熟的愛	林振輝譯	120元
㊽現代女性駕馭術	蔡德華著	90元
㊾禁忌遊戲	酒井潔著	90元
52摸透男人心	劉華亭編譯	80元
53如何達成願望	謝世輝著	90元
54創造奇蹟的「想念法」	謝世輝著	90元
55創造成功奇蹟	謝世輝著	90元
56男女幽默趣典	劉華亭譯	90元
57幻想與成功	廖松濤譯	80元
58反派角色的啟示	廖松濤編譯	70元
59現代女性須知	劉華亭編著	75元
61機智說話術	劉華亭編譯	100元
62如何突破內向	姜倩怡編譯	110元
64讀心術入門	王家成編譯	100元
65如何解除內心壓力	林美羽編著	110元
66取信於人的技巧	多湖輝著	110元

大展好書 好書大展